邓亚军　周宁　主编

delicious

0~3岁
营养食谱

辽宁科学技术出版社
· 沈阳 ·

本书编委会
主　编　邓亚军　周　宁
编　委　廖名迪　谭阳春　宋敏姣　贺梦瑶　李玉栋

图书在版编目（CIP）数据

宝宝吃出来的健康 / 邓亚军，周宁主编. -- 沈阳：辽宁科学技术出版社，2013. 2
ISBN 978-7-5381-7843-2

Ⅰ. ①宝… Ⅱ. ①邓… ②周… Ⅲ. ①婴幼儿—保健—食谱 Ⅳ. ① TS972.162

中国版本图书馆 CIP 数据核字（2013）第 013786 号

如有图书质量问题，请电话联系。湖南攀辰图书发行有限公司
地址：长沙市车站北路 236 号芙蓉国土局 B 栋 1401 室
邮编：410000
网址：www.penqen.cn
电话：0731-82276692　82276693

出版发行：辽宁科学技术出版社
（地址：沈阳市和平区十一纬路 29 号　邮编：110003）
印 刷 者：长沙市永生彩印有限公司
经 销 者：各地新华书店
幅面尺寸：185mm × 210mm
印　　张：7
字　　数：140 千字
出版时间：2013 年 2 月第 1 版
印刷时间：2013 年 2 月第 1 次印刷
责任编辑：郭　莹　攀　辰
封面设计：多米诺设计·咨询　吴颖辉
版式设计：攀辰图书
责任校对：合　力

书　　号：ISBN 978-7-5381-7843-2
定　　价：26.80 元
联系电话：024-23284376
邮购热线：024-23284502
淘宝商城：http：//lkjcbs.tmall.com
E-mail：lnkjc@126.com
http：//www.lnkj.com.cn
本书网址：www.lnkj.cn/uri.sh/7843

Preface 前　言

天下的父母都希望自己的孩子健康快乐、聪明有出息。对于爸爸妈妈来说，孩子的一声喷嚏便让他们无比担心，孩子的一场小病都可以让他们惊慌失措。为了孩子的健康成长，从孩子孕育在妈妈肚子里开始，爸爸妈妈便开始着手研究孩子的营养健康，孩子的饮食成为了他们生活的重心之一。学习基本的营养健康知识，如何为孩子安排和制作营养食谱，便是本书所要讲述的重点。

孩子不同的年龄、不同的体质、不同的季节，在饮食上都有不同的需求。孩子在婴幼儿阶段成长速度非常快，各器官发育变化也很大，对饮食也要求有相应的变化，从婴儿的乳品和辅食，到幼儿的主食和菜肴，都要根据孩子特殊的营养需求来特别制作。

幼儿阶段对孩子的食材选择，尽量选择天然食物，最大程度避免奶油、黄油等化工食材。食材的切法也需要注意方便宝宝取食，很多食物口味色泽营养都适合宝宝，但食材块头太大，宝宝取食不便，也会引起宝宝厌食。宝宝的营养搭配我们可以从营养的角度出发，也可以从色泽的角度出发，相同色泽的食物一般都具有很多共同性。只要食物的色泽丰富，也基本可以达到营养平衡。为孩子搭配营养食谱，对新爸爸妈妈的厨艺也是一种考验，既要烹饪出色鲜味美的食物，还要尽量避免烹饪中营养素的流失。比如，绿色蔬菜尽量不要焯水、不要过分的浸泡、先洗后切等。

本书在编写过程中得到了营养行业多位专家的倾力指导，在这里表示衷心的感谢！如有不足之处还敬请社会各界朋友予以指正。

邓亚军

Contents 目录

第1章

0～1岁婴儿的生理发育特点及营养需求

第2章

1～2岁宝宝的营养食谱

第3章

2～3岁宝宝的营养食谱

第4章

婴幼儿常见营养缺乏症的食疗补救措施

第5章

婴幼儿常见疾病的膳食调理

第6章

四季吃法小妙招

第7章

宝宝挑食、偏食、厌食的应对策略

第8章 如何避免宝宝成为“零食大王”

第1章

0~1岁
婴儿的生理发育特点及营养需求

一 揭开婴儿的身体奥秘

婴儿阶段的生理器官发育特别迅速，是人一生中生长发育最旺盛的阶段，他们的体重和身高都会随着月龄的不同而成倍地增长，因此，要满足婴儿快速成长的需求，在这期间对营养的需求就特别高。

作为家长有必要了解婴儿消化器官的发育常识，这样才能根据婴儿的生理特点来搭配合理的饮食以进行科学喂养，满足婴儿的营养需求。

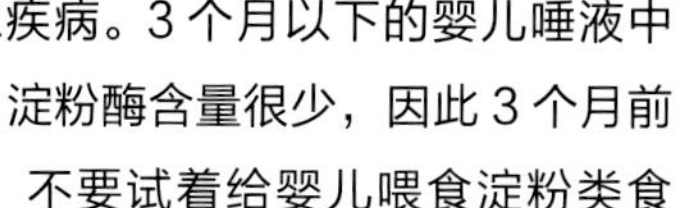

新生儿已经具备了吸吮能力，能够自主地进行吃奶活动，如果吸吮软弱无力，则要注意新生儿是否有可能患疾病。3个月以下的婴儿唾液中淀粉酶含量很少，因此3个月前不要试着给婴儿喂食淀粉类食物。而且妈妈们要注意，宝宝吃奶时容易把空气也同时吸进胃里，这样就把奶液推到食管或口腔中，所以宝宝常会吐奶。如果给宝宝喂完奶之后抱起来呈站立姿势，轻轻拍背排出空气，就可有效地防止宝宝吐奶。

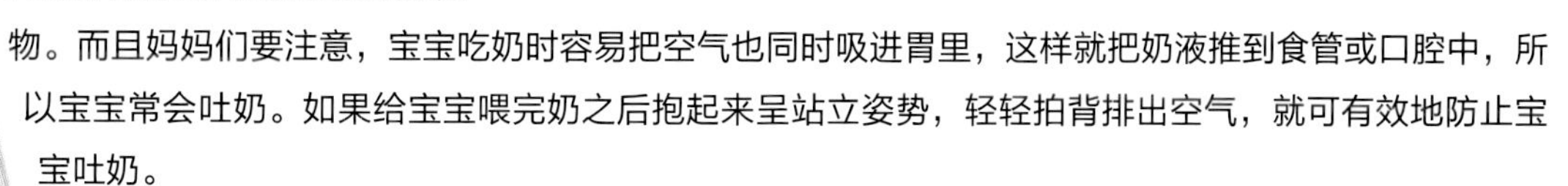

宝宝4～6个月的时候，消化器官的发育已经较为成熟，这时便可以给宝宝添加辅食。但4个月之前的婴儿排钠的能力有限，要控制钠盐的摄入量。5个月宝宝的唾液增加，有了唾液淀粉酶，我们便可以给宝宝添加蛋黄和淀粉类辅食。辅食从软到硬，到8个月的时候可以试着给宝宝吃像饼干这样硬度的食物。

母乳喂养PK人工喂养

4个月前的婴儿对母乳的蛋白质和脂肪消化能力较好，对淀粉类食物及其他动物乳类的消化能力相对较弱，所以母乳喂养是最适合的喂养方式，但是在母乳不足的情况下有必要采取人工喂养加以弥补。充足的母乳喂养能让新生宝宝每周增重150～200g，增高2cm左右，如果每周体重增加不足100g，就应该为宝宝增加人工喂养。

1. 母乳喂养的方法

母乳喂养要尽量让宝宝将乳头的乳晕部分全部含进口中，这样可以防止过多的空气进入宝宝的胃里而导致吐奶，刚出生的宝宝要尽量多次哺乳，这样可以刺激乳汁的分泌。母乳喂养按照宝宝的需求进行，只要宝宝有吃奶的意愿，而妈妈也有充足的乳汁，便可随时喂养。

2. 人工喂养的方法

新生儿一般每天喂7～8次，每次喂奶间隔时间为3小时左右，如果母乳的分泌达不到这样的量，便需要进行奶粉喂养。但是为孩子冲调奶粉要注意水温不能太高，过高的温度会让奶粉中的营养流失，等冲调好的奶温度达到适宜便可以给宝宝喂食。人工喂养要注意不要让宝宝吃过量，一是会增加宝宝消化器官的负担，二是容易喂养出肥胖宝宝来。一般说来，出生时体重为3～3.5kg的宝宝，首月每天吃600～800ml为宜，以后按月递增50～100ml。如果宝宝食量过大，可以让宝宝喝一些白开水或葡萄糖水。

3. 怎样给宝宝转奶

宝宝的肠胃娇嫩，从母乳到奶粉需要一个适应的过程，所以给宝宝转奶需要循序渐进，刚开始用母乳与奶粉间隔着吃，逐渐增加奶粉的量，减少母乳的量，直至宝宝顺利接受全奶粉喂养。

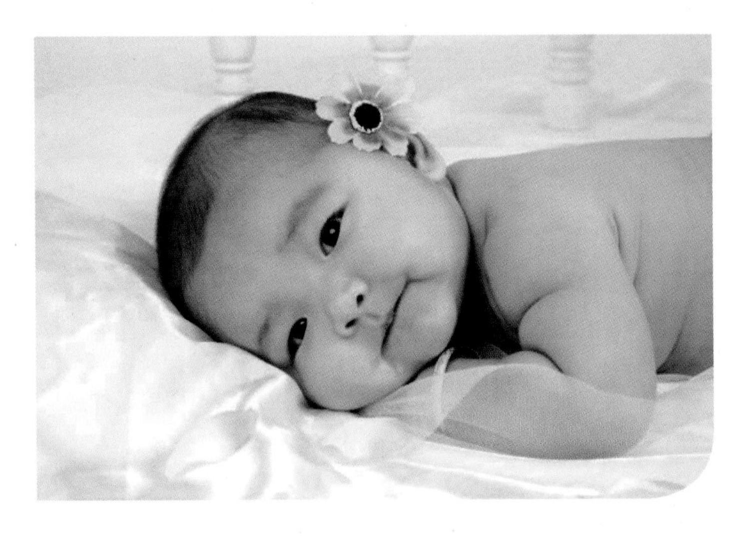

三 0~1 岁婴儿辅食的添加原则

宝宝从母体分离出来成为独立的人，除了少量的营养素是从母体带来，其他所有的营养素必须通过从外界摄取和自身合成。随着月龄的增长，母体携带的营养素消耗殆尽，那么我们必须从食物中进行补充。虽然母乳是婴儿最好的食物，但是母乳也不是百分百完美，而且母乳会慢慢的稀释，营养价值逐渐变低，给宝宝添加辅食便成为了新爸爸妈妈们的一门必修的新学问。

对于宝宝辅食的添加，我们要遵循一定的原则，总结起来辅食添加要遵循的原则为 6 句话：循序渐进不过急，吸收难易有顺序，开始添加忌夏季，新品辅食避患疾，反应不良要暂停，灵活掌握看仔细。

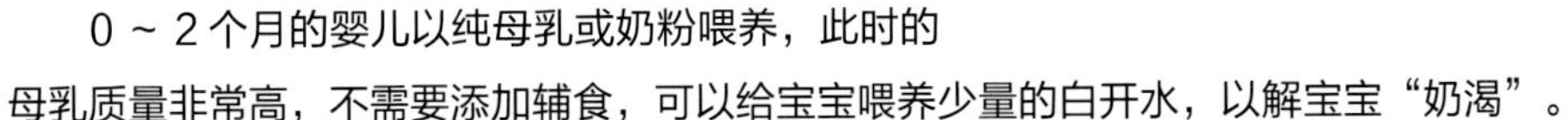

0 ～ 2 个月的婴儿以纯母乳或奶粉喂养，此时的母乳质量非常高，不需要添加辅食，可以给宝宝喂养少量的白开水，以解宝宝“奶渴”。

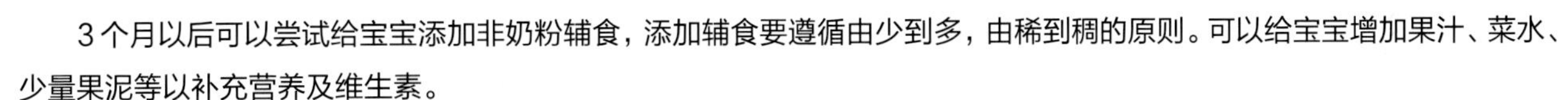

3 个月以后可以尝试给宝宝添加非奶粉辅食，添加辅食要遵循由少到多，由稀到稠的原则。可以给宝宝增加果汁、菜水、少量果泥等以补充营养及维生素。

4 个月的宝宝可以视情况逐步添加辅食，补充宝宝营养，同时让宝宝熟悉咀嚼的动作。此时开始，宝宝从母体带来的铁元素已经消耗殆尽，须从饮食中补充铁元素，辅食中要增加高铁食物，比如蛋黄，每天给宝宝吃 1/3 ～ 1/2 蛋黄即可补充铁元素。4 个月宝宝体内淀粉酶活力增强，可适当添加淀粉类食物，除此之外仍然要添加果泥、菜泥等。

5 个月的宝宝已经会翻身，活动量开始增加，对热量的需求更大，此时可以开始给宝宝吃米粉，每天的蛋黄可以增加到 1 个，部分长牙的宝宝可以吃点鱼肉。

5 个月的宝宝辅食还只能停留在给宝宝“尝尝”的阶段，不能大量的给宝宝喂食。随着宝宝月龄的增加，可以逐渐增加辅食的量。

6 个月的宝宝很多开始长乳牙了，此时可以添加颗粒状食物，同时仍然要喂食鱼、蛋、肉和猪肝泥、稀粥和面条等。辅食的逐步添加，也为将来断奶打下良好的基础。

宝宝长到 7 个月时，已开始长出乳牙，有了咀嚼能力，同时舌头也有了搅拌食物的功能，对饮食也越来越多地显示出个人的爱好，喂养上也有了一定的要求，此时可以给宝宝增加馒头、碎菜、饼干、蒸鸡蛋、肉松等食物，让宝宝逐渐找到咀嚼的快乐感觉。添加辅食也要由少到多，让宝宝慢慢适应。

8 个月宝宝的母乳喂养与人工喂养应该做到均等了，每天 3 顿母乳、3 顿辅食，辅食可以增加蛋白质食物，如豆腐、奶制品、鱼、瘦肉末等。宝宝新辅食的增加应该一样一样地来，多种辅食同时增加会干扰我们判断宝宝对哪种食物过敏或有消化障碍。

9 个月的宝宝继续增加辅食，可食用碎菜、鸡蛋、粥、面条、鱼、肉末等。辅食的性质还应以柔嫩和半固体为好，同时增加胡萝卜、番茄、洋葱等蔬菜。

10 ~ 12 个月宝宝的日常饮食应该以固体食物为主母乳为辅，每天可以补充母乳或奶粉 200ml。宝宝断奶后，要以谷类食品作为主食，宝宝的膳食安排要以米、面为主，同时搭配动物食品及蔬菜、豆制品等。随着宝宝消化功能的逐渐完善，在食物的搭配制作上也可以多样化，最好能经常更换花样，如小包子、小饺子、馄饨、花卷等，以提高宝宝进食的兴趣。

四 婴儿辅食DIY

液体食物

蔬菜汁

将青菜切碎，放入沸水中稍煮1～2分钟，用纱布将菜过滤，挤出菜中水分到汤里，待汤汁冷却即可给婴儿喂食。

营养盘点>>

蔬菜中含有丰富的维生素，能补充宝宝缺乏的维生素，同时可以较早地让宝宝熟悉蔬菜的味道，为宝宝将来爱上蔬菜打下味觉基础。

胡萝卜汁

将胡萝卜加水和少量油煮熟，用纱布过滤掉固体部分即可，胡萝卜汁中可加少量糖或蜂蜜给宝宝喝。

营养盘点>>

胡萝卜富含胡萝卜素，对宝宝的视力保护有很大的作用。因为胡萝卜素是脂溶性维生素，因此制作胡萝卜汁的时候须放少量的油，方可将胡萝卜素溶出。

泥糊状食物

胡萝卜鱼肉泥

[材料] 胡萝卜、草鱼、食用油、食盐。

[制作方法]

1. 将草鱼鱼肉剔出剁成鱼肉泥，入锅炒熟。
2. 将胡萝卜蒸烂，用勺子压成泥，与炒熟的鱼肉泥和在一起搅拌，加入适量食用油、食盐即可给宝宝喂食。

温馨提示 >>

给宝宝喂食胡萝卜的时候一定不要忘记加入食用油，因为胡萝卜素是脂溶性的，只有用油脂作为介质，才能被人体吸收。

营养盘点 >>

蔬菜中含有丰富的维生素，能补充宝宝缺乏的维生素。

马铃薯肉末糜

[材料] 马铃薯、肉糜、食用油、食盐、青菜末。

[制作方法]

1. 将马铃薯蒸熟压成泥状。
2. 将肉糜放入热油中翻炒。
3. 将马铃薯泥和青菜末放入再翻炒几下，再放入食盐即可起锅。

温馨提示 >>

婴儿对食盐还不是特别适应，因此对食盐的用量要非常小，稍微加上几粒即可。

营养盘点 >>

肉末中含有蛋白质和铁，马铃薯中含有丰富的淀粉和钾，青菜中有丰富的维生素，所以马铃薯肉糜的确是一道营养丰富、全面的美味辅食。

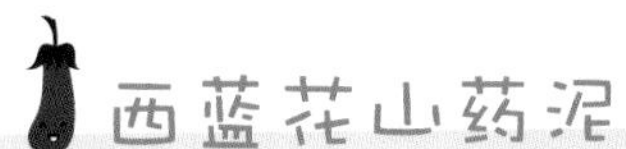

西蓝花山药泥

[材料] 西蓝花、山药、儿童有机酱油。

[制作方法]

1. 将西蓝花和山药蒸熟，山药捣成泥，西蓝花顶端部分削下来。
2. 将西蓝花粒与山药泥、有机酱油一起拌匀即可。

温馨提示 >>

西蓝花最好蒸而不要水煮，以免其中的水溶性维生素流失。

营养盘点 >>

山药含有丰富的蛋白质、B 族维生素、淀粉和矿物质，与西蓝花中的维生素搭配，即成一道营养全面的宝宝食物。

蛋黄马铃薯泥

[材料] 鸡蛋、马铃薯。

[制作方法]

1. 马铃薯蒸熟，捣成泥。
2. 鸡蛋煮熟剥出蛋黄捣成泥。
3. 将马铃薯泥和蛋黄泥拌匀即可。

温馨提示 >>

蛋黄马铃薯泥中不含维生素，在给宝宝食用的时候要补充维生素丰富的蔬菜和水果，或者将菜末焯水拌入蛋黄马铃薯泥中。

营养盘点 >>

蛋黄马铃薯泥不仅颜色鲜艳口感细腻，而且含有丰富的卵磷脂、淀粉和矿物质。

红薯粥

[材料] 红薯、大米。

[制作方法]

1. 将红薯蒸熟，去皮碾成泥。
2. 将薯泥调入煮熟的大米粥中，再次煮沸即成。

温馨提示 >>

红薯可以蒸，也可以直接放进烧开的粥中煮熟后碾成泥。

营养盘点 >>

红薯含有丰富的碳水化合物、膳食纤维、胡萝卜素、维生素以及钾、镁、铜、硒、钙等 10 余种元素，被誉为所有蔬菜中营养成分最全面的食物，有补中和血、益气生津、养血护肝、宽肠润燥和滋阴强肾等功效。

玉米糊糊

[材料] 鲜玉米。

[制作方法]

将鲜玉米粒剥下来榨成泥，再徐徐倒入烧开的沸水中，一边倒一边搅拌，煮熟后即可给宝宝食用。

温馨提示 >>

若玉米较老，在打玉米浆的时候可将玉米浆加水，用纱布将玉米皮滤掉。

营养盘点 >>

玉米富含维生素 A、维生素 E 和钙、镁、硒、卵磷脂等，是提高人体免疫力和增强脑细胞活力的美味食物。

固体食物

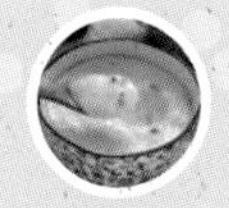

鸡蛋羹

[材料] 鸡蛋、食用油、食盐。

[制作方法]

鸡蛋1个打入碗中，加适量水、油和食盐，顺时针方向搅拌至起泡沫，置于蒸锅上蒸7～8分钟即可。

温馨提示 >>

鸡蛋蛋白质含量极为丰富，蛋黄中又有大量的胆固醇，因此不宜给宝宝过量食用，1岁内宝宝1天不要超过1个鸡蛋。

营养盘点 >>

鸡蛋清是最好的动物蛋白，鸡蛋黄含有丰富的铁、淀粉，更重要的是蛋黄中含有丰富的卵磷脂，是宝宝智力发育的重要营养成分。

番茄鸡蛋面条

[材料] 番茄、鸡蛋、面条、食用油、食盐。

[制作方法]

1. 番茄去皮切成粒，鸡蛋搅散。
2. 食用油置于热锅中，油热后放水、番茄粒，水开后放入面条。
3. 面条熟后将鸡蛋均匀地淋在面锅里并轻轻搅拌，最后放入食盐起锅。

温馨提示 >>

作为辅食，面条需要稍微煮烂一些，番茄粒也尽可能地融入面汤中后再下面条。

营养盘点 >>

番茄的营养丰富，是营养学家们一致公认的，尤其是番茄里的维生素P在众多食物中名列前茅。再加上面条中的淀粉和维生素，鸡蛋中的蛋白质和矿物质，番茄鸡蛋面是营养极为全面的辅食，也可作为成年人的日常饮食。

西瓜汁豆腐脑

[材料] 西瓜块、豆腐脑。

[制作方法]

1. 水烧开后，将豆腐用勺子舀到沸水中，2分钟后盛出。

2. 捣碎即成豆腐脑，将西瓜榨汁倒入豆腐脑中拌匀即可。

温馨提示 >>

西瓜汁豆腐脑中不含有淀粉和膳食纤维，因此给宝宝作为正餐的时候还需要给宝宝喂食米饭和馒头等主食。

营养盘点 >>

豆腐脑中含有人体所需的优质植物蛋白，西瓜中含有丰富的矿物质和维生素。

小米百合粥

[材料] 百合、粳米、白糖。

[制作方法]

1. 百合剥开成瓣撕去筋络，洗净切碎，粳米淘洗干净。

2. 锅内倒入清水烧沸，入粳米和百合末，煮沸后用小火烧至粥稠，加入白糖拌匀即可。

温馨提示 >>

小米与肉类与豆制品食物搭配最佳，可弥补小米不含赖氨酸之缺陷，淘米时不要用手搓，忌长时间浸泡或用热水淘米。

营养盘点 >>

百合除含有维生素 B_1、维生素 B_2、维生素 C 和淀粉、蛋白质、脂肪、钙、磷、铁等营养素外，还含有一些特殊的营养成分，如秋水仙碱等多种生物碱。这些成分综合作用于人体，不仅具有良好的营养滋补之功，而且还对秋季气候干燥而引起的多种季节性疾病有一定的防治作用。小米熬粥营养丰富，有“代参汤”之美称。小米富含的维生素 B_1、维生素 B_{12} 等，可防止消化不良。

青菜肉末粥

[材料] 青菜叶、肉末、大米、食用油、食盐。

[制作方法]

1. 青菜叶切碎，肉末用食用油和食盐炒熟。
2. 大米熬粥，待大米粥快熟时，加入炒好的肉末，在即将起锅之前倒入青菜碎叶，稍做搅拌即可出锅。

温馨提示>>

在粥里加肉末可以稍早，但是加青菜末必须在起锅前加，不要让青菜在高温中太久，高温会破坏掉青菜中的维生素，同时青菜须先洗后切，以防止青菜中的水溶性维生素流失。

营养盘点>>

青菜肉末粥的营养十分全面，大米的淀粉和肉末的蛋白质，再加上青菜的维生素，实在是一道荤素搭配且营养均衡的粥，可以作为正餐给宝宝食用。

香蕉牛奶粥

[材料] 香蕉、牛奶、大米。

[制作方法]

1. 将大米熬成粥，香蕉压成泥拌入大米粥中。
2. 待粥稍凉加入牛奶即可。

温馨提示>>

牛奶必须待粥稍凉之后加入，以免高温破坏其中的活性因子。

营养盘点>>

香蕉富含钾和镁，维生素与矿物质含量也比较高，牛奶中富含钙与蛋白质，香蕉牛奶粥是一款营养价值极高的宝宝食品。

苹果奶酪

[材料] 苹果、奶酪、面粉、白糖、食用油、食盐。

[制作方法]

1. 苹果去皮切片，在淡盐水中浸泡一下捞出备用。
2. 将奶酪与面粉加水和白糖搅成浆糊样。
3. 将苹果片倒入奶酪浆中挂浆，入热油锅中煎炸至金黄，苹果奶酪即做成。若想要苹果奶酪更酥脆，捞出后可以重新入锅再炸 1 次。

营养盘点 >>

苹果被称为“百果之王”，不仅富含维生素，还含有吸附性较强的果胶，用苹果挂浆的方法油炸，最高限度地保护了内含的维生素。

温馨提示 >>

苹果在食盐水中浸泡时不要太久，以免水溶性维生素流失。

第2章

1~2岁宝宝的营养食谱

一 1～2岁宝宝的身体特征及配餐原则

二 1～2岁宝宝的营养食谱

1~2 岁宝宝的身体特征及配餐原则

宝宝迅速发育时期的营养需求

宝宝过周岁以后，大部分已经长出了 6～10 颗牙，咀嚼能力增强了，胃容量也大了，在食材的选择上就更加灵活。

稍大一点的宝宝会走路会跑了，活动范围大大地扩张，新陈代谢也更加旺盛，食量也会迅速增大。但是宝宝的消化吸收功能仍然不成熟，免疫能力不完善，适应性差，容易受到外界环境的影响，这也是宝宝患病的高发时期。此时宝宝的身高成长的速度非常快，骨骼的迅速生长需要更多的钙和其他矿物质，这时候要注意给宝宝添加高钙和高维生素 D 的食物。

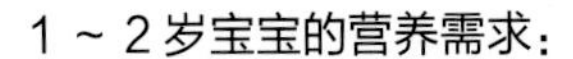

1 ～ 2 岁宝宝的营养需求：

营养物质	每日摄入量	营养物质	每日摄入量
谷类	250 ~ 300g	蛋类	100g
牛奶或豆浆	300 ~ 400ml	蔬菜	90 ~ 130g
豆制品	50 ~ 60g	水果	70g
鱼肉禽类	100 ~ 150g	糖类	20g

1~2岁宝宝的食谱制作原则

1～2岁的宝宝的消化器官还比较稚嫩，乳牙还未长成，食谱仍然需要特殊制作。

首先，宝宝的食物需要细腻。宝宝取食方便，自然会喜欢上吃饭，食物太大，宝宝不会咀嚼就会吐掉，久之甚至产生厌食。

其次，宝宝这时候对鲜艳的颜色表现出了极浓的兴趣，给宝宝做饭菜的时候，尽可能地做得漂亮、鲜艳。

第三，与宝宝一起进食，要表现出对食物的热爱。家长自己不要对食物挑三拣四，甚至在餐桌上谈论这个好吃那个不好吃，这样会给了宝宝一个暗示，让宝宝养成偏食的习惯。

第四，尽可能地让宝宝的食物多样化，品种要时常更新。

第五，随着宝宝的视觉和嗅觉的发育，家长有必要学习一定的烹饪知识，将食物做得色、香、味俱全，才能满足宝宝的嗅觉和视觉需求。

第六，1～2岁孩子的记忆力增强了，对于陌生的食物产生了排斥感就不愿意吃，家长们有必要将陌生食材混合到熟悉的食材中，让宝宝逐步适应新食材的味道，慢慢爱上它。

第七，宝宝不愿意吃不喜欢的食物，家长不能用奖品来诱惑他，这样更容易养成宝宝偏食的习惯，同时还让宝宝失去了是非判断能力。

应该对宝宝进行“营养教育”了

宝宝很快长到了2岁，这时候他们的语言能力、理解能力和观察能力都已经有了很大的进步，内心世界也更为丰富细腻。这时家长可以给宝宝通俗地讲一些营养方面的道理：比如“胡萝卜是保护宝宝眼睛的”，“吃鸡蛋可以有很大的力气！”“鸡蛋黄可以让宝宝成为最聪明的宝宝”等。

对于餐桌规矩和餐桌礼仪也要从这时候开始规范，2岁的孩子是习惯形成的初级阶段，这时候给宝宝养成一个良好的饮食习惯，会让后面的育儿工作轻松很多。给宝宝的营养教育，要注意两点：第一，道理尽量要简单，只告诉宝宝结果，不用告诉宝宝原因。只告诉宝宝哪些食物有哪些作用，不用告诉宝宝为什么有这些作用。第二，枯燥的理论宝宝听不懂也听得没趣，我们可以自编一些儿歌或者童话故事教给宝宝。

1~2岁宝宝的营养食谱

主食类

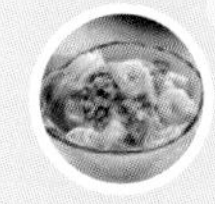

什锦面条

[材料] 面条、猪肝、虾、莴笋叶、鸡蛋、肉末、葱、蒜苗、姜、食用油、鸡汤、食盐。

[制作方法]

1. 猪肝煮熟后剁碎。
2. 虾用开水烫一下，剥壳。
3. 莴笋叶切碎，鸡蛋打到碗里，搅拌一下。
4. 葱和蒜苗切碎，姜切成粒。
5. 食用油倒入热锅，将姜粒煸炒一下，再倒入搅好的鸡蛋、肉末和虾，稍炒一下后盛出。
6. 锅内放入鸡汤，汤开后下面条，面条快熟时下入猪肝泥、莴笋叶、虾、鸡蛋、葱末、蒜苗末，然后关火放食盐即可。

温馨提示 >>

什锦食物最大的特点就是配料丰富而且营养均衡。这道什锦面条，包含了谷类、猪肉、内脏、禽蛋、鱼虾，几乎涵盖了人体所需的所有营养素，若味道宝宝喜欢，可给宝宝常吃，且不用搭配其他食品。

营养盘点 >>

若宝宝喜欢酸味，可炒一些番茄加入到面条里面，颜色鲜艳也能加深宝宝的喜爱程度。

燕麦红豆粥

[材料] 燕麦片、红豆、大米。

[制作方法]

1. 红豆放入水中，煮开后放入大米。
2. 待红豆煮烂开花时加入燕麦片，稍煮 1 ~ 2 分钟即可。

温馨提示 >>

燕麦片的选择很有学问，纯燕麦片是燕麦粒轧制而成扁平状，直径约相当于黄豆粒，形状完整。而很多半成品的麦片，会加入大麦、小麦片等，为了增加口感还加入麦芽糊精、砂糖、奶精等，这种麦片不宜选择。

营养盘点 >>

燕麦含有组成平衡的人体必需的 8 种氨基酸，还含有丰富的维生素 E 和 B 族维生素。红豆具有补血、利尿和消肿的作用，用燕麦熬粥具有抗氧化的功能，增强人体的抗病能力。

核桃粥

[材料] 核桃仁、粳米、银耳、冰糖。

[制作方法]

1. 银耳浸泡后去掉黄色根部，将叶面撕开。
2. 将核桃仁碾碎，加粳米、银耳和冰糖，加水，文火熬至粥烂，或在高压锅中用水煮 10 分钟。

温馨提示 >>

核桃油脂含量较高，过食容易上火，腹泻的宝宝不宜食用核桃。

营养盘点 >>

核桃营养丰富，含有丰富的蛋白质、脂肪、矿物质和维生素。其中蛋白质是优质蛋白，脂肪是亚油酸和亚麻酸，还含有丰富的磷脂。核桃的营养成分都非常符合大脑营养的需求，因此被誉为“益智果”。

荞麦绿豆粥糊

[材料] 荞麦、绿豆、粳米、猪油、食盐。

[制作方法]

1. 荞麦、绿豆、粳米研成细末。
2. 将细末放入砂锅内，加清水适量，用大火煮沸后改小火煮成粥。
3. 加入食盐和猪油拌匀，再稍煮片刻即成。

温馨提示 >>

消化系统不好的宝宝不能多吃。

营养盘点 >>

荞麦含有丰富的蛋白质，荞麦蛋白中赖氨酸成分非常高，还含有丰富的铁、锰、锌等微量元素，因此荞麦的营养价值非常高，同时荞麦又含有丰富的膳食纤维，能促进肠胃蠕动，在防止便秘方面也有很好的功效。

五色粥

[材料] 大米、绿豆、赤小豆、眉豆、芸豆、陈皮、白糖。

[制作方法]

1. 将各类豆子洗干净浸泡。
2. 烧水，水开后将大米、4 种豆子和陈皮放入沸水中同煮。
3. 粥熟后放入白糖，凉凉后即可。

温馨提示 >>

五色粥全面照顾了我们的五脏，不凉不燥，可以常吃。但赤小豆、芸豆都不易煮烂，可多浸泡一些时候。

营养盘点 >>

中医讲究五色入五脏，五色粥可解毒利水、养血健脾润肺。

鸡肉菜饺

[材料] 饺子皮、鸡肉馅儿、大白菜、芹菜、鸡蛋、高汤、食盐、酱油、香油。

[制作方法]

1. 将鸡肉馅儿放入碗内，加入少许酱油拌匀。
2. 大白菜和芹菜洗净后分别切成末，鸡蛋炒熟（边炒边用锅铲翻炒，方便将鸡蛋炒散）。
3. 将所有原料拌匀成馅，加入食盐适量，包成饺子并下锅煮熟。
4. 在锅内放入高汤，撒入芹菜叶末稍煮片刻后，再放入煮熟的小饺子，加少许香油和酱油。

营养盘点 >>

鸡肉中含有不饱和脂肪酸，芹菜不仅可以调味，还是高铁、高植物蛋白和高维生素的蔬菜。大白菜与芹菜中均含有大量的粗纤维，因此鸡肉菜饺也是防止宝宝便秘的营养食物。

温馨提示 >>

有研究表明，芹菜叶子的营养价值不输于芹菜茎，因此吃芹菜的时候不必将叶子扔掉，可以切成碎末煮汤。

三丝拌通心粉

[材料] 意大利通心粉、胡萝卜、鸡腿菇、莴笋、橄榄油、鸡汤、酱油、醋、葱花。

[制作方法]

1. 胡萝卜、鸡腿菇、莴笋分别切丝。
2. 将意大利通心粉煮熟，过滤掉水分。
3. 用橄榄油将胡萝卜丝、鸡腿菇丝、莴笋丝大火快炒。
4. 将炒好的三色丝与鸡汤共同倒入通心粉中，加入少量酱油、醋拌匀，撒上葱花即可。

营养盘点 >>

胡萝卜含有丰富的胡萝卜素，鸡腿菇不仅营养丰富，其中的氨基酸能增加菜肴的香味，莴笋中含有丰富的叶酸和其他维生素。橄榄油在西方被誉为“液体黄金”，其中包含的油酸、亚油酸以及亚麻油酸的比例比较适合人体的消化吸收，这是其他植物油所不具备的。

温馨提示 >>

本道菜肴中不含有饱和脂肪酸，尤其适合平衡“肉食宝宝”的营养均衡，若宝宝平时就喜欢吃素，则可以在通心粉中加点肉丝。

三鲜蒸水蛋

[材料] 鸡蛋、虾仁、香菇、鱼肉、葱姜蒜末、食用油、食盐。

[制作方法]

1. 香菇、虾仁、鱼肉均剁为泥。
2. 锅中烧热放油，油热后放葱姜蒜末煸炒至香味溢出。
3. 放入香菇泥、鱼肉泥和虾仁泥入锅煸炒。
4. 鸡蛋打入小盆中，加食盐与水打匀，放入蒸锅。
5. 蒸锅水沸之后 1 分钟放入煸炒好的三鲜泥于鸡蛋中，搅匀，继续蒸 6 分钟即可。

营养盘点 >>

三鲜蒸水蛋中 4 种主要食材均是高蛋白食物，可促进宝宝的生长发育，提高宝宝免疫力。

温馨提示 >>

三鲜蒸水蛋味道鲜美，宝宝容易吃多，因其蛋白质含量很高，故需注意不要让宝宝吃过量，以免增加肾脏负担。

疙瘩汤

[材料] 番茄、面粉、鸡蛋、豆腐、肉末、小油菜、花生油、小葱、生抽、蒜米、食盐。

[制作方法]

1. 番茄去皮切成小块，豆腐切成粒待用。
2. 面粉加水搅成絮状。
3. 小油菜切成碎末，小葱切成葱花。
4. 炒锅中放花生油，油热后放入蒜米炒香。
5. 倒入肉末爆炒，再将番茄块倒入炒锅中炒出汤汁。
6. 锅中加水，水开后将絮状面粉倒入锅中（注意一边搅拌一边放，以免面粘连）。
7. 加入豆腐粒，水再开后保持 2 分钟，关火后将油菜末和葱花倒进锅中搅拌，再加入食盐和生抽即可。

营养盘点 >>

疙瘩汤不仅可以作为菜肴，也可以作为主食。因其食材简单易得，制作方法简单，脂肪、动植物蛋白、维生素和矿物质均衡全面，而且味道鲜香，是宝宝的一道“朴素的营养大餐”。

温馨提示 >>

面粉要搅拌成絮状，不可一次性加太多水，可以一边搅拌一边加水，如果搅拌不均匀，疙瘩大小不一，就不容易煮好。

番茄炒鸡蛋

[材料] 番茄、鸡蛋、姜蒜末、食用油、食盐。

[制作方法]

1. 番茄切成 0.5cm 长的小块，鸡蛋打散。
2. 锅中放油加热，将鸡蛋倒入并迅速搅拌。
3. 鸡蛋凝固成型后，倒入番茄块与姜蒜末翻炒，至番茄出汤汁时，放入食盐拌匀即可出锅。

营养盘点 >>

番茄含有丰富的维生素 C、胡萝卜素和番茄红素，抗氧化能力极强。鸡蛋中含有丰富的优质蛋白、卵磷脂、矿物质和维生素 D，可增进神经系统功能。因此番茄炒鸡蛋是非常好的健康益智菜，其风味酸甜香鲜，能增进宝宝食欲。

温馨提示 >>

很多人喜欢生吃番茄，觉得生吃营养价值更高，这是一个误区。番茄遇热，其中的维生素 C 会部分破坏，但是加热能破坏食物中的细胞壁，便于营养素释放出来，而番茄中的胡萝卜素（维生素 A 原）属于脂溶性，需要用油才可吸收。另外，本道菜中不需要放味精等增味剂，鸡蛋中含有谷氨酸，已经具备了味精的成分，再添加味精便是画蛇添足，反而破坏了其中的鲜味。

银芽炒鱼丝

[材料] 绿豆芽、草鱼肉、食用油、食盐、鸡精、蚝油、蒜末、鸡蛋清。

[制作方法]

1. 绿豆芽洗净待用。
2. 鱼肉切成丝，加入鸡蛋清、食盐、蚝油搅拌均匀待用。
3. 锅内倒入食用油，待油热后倒入鱼丝大火翻炒，再下入绿豆芽翻炒。
4. 最后放入蒜末、食盐和鸡精，起锅装盘。

温馨提示>>

绿豆芽中的部分蛋白质已经被转化为游离氨基酸，非常容易消化，因此不仅适合宝宝食用，也适用于一般人群及消化不良、口腔溃疡和便秘患者。

营养盘点>>

草鱼富含优质蛋白质和不饱和脂肪酸，绿豆芽中含有较为丰富的植物蛋白和维生素C、核黄素及纤维素，可有效防治口腔溃疡和便秘，同时可帮助消化。

金针菇炒虾仁

[材料] 金针菇、虾、食用油 、食盐、高汤料、大葱头。

[制作方法]

1. 将金针菇洗净待用，虾去头去尾，并在虾仁背部竖切一刀洗净待用。
2. 锅内加入清水，水开后倒入金针菇翻滚2次捞出过滤掉水待用。
3. 锅内放入食用油，待油热后倒入虾仁爆炒。
4. 放入大葱头和金针菇，用大火爆炒，放入高汤料和食盐起锅装盘。

温馨提示>>

金针菇要熟透，半熟的金针菇易导致中毒。

营养盘点>>

虾仁富含优质蛋白质、不饱和脂肪酸和丰富的矿物质，金针菇中由于含锌量比较高被誉为“儿童健脑菜”。

四季豆鸡肉末

[材料] 四季豆、鸡胸肉、香菇，大蒜、食盐、食用油、鸡蛋清。

[制作方法]

1. 四季豆洗净并去掉筋切成碎末，香菇洗净切成小颗粒待用，大蒜切成末。
2. 鸡胸肉洗净切成肉末，加入少许鸡蛋清和食盐搅拌均匀。
3. 锅里加入食用油，油热后倒入鸡肉末大火翻炒，再下入四季豆和香菇粒大火翻炒，最后放入蒜末和食盐起锅装盘。

温馨提示 >>

四季豆尽量切得碎一些，以防未炒熟而导致中毒。

营养盘点 >>

四季豆富含蛋白质、粗纤维、胡萝卜素、维生素 C 和钙、磷，香菇富含蛋白质、维生素和矿物质，而且香菇的抗氧化成分含量非常高，因此作为提高免疫力的食物是绝佳选择。

清蒸鲈鱼

[材料] 鲈鱼、酱油、食用油、大葱。

[制作方法]

1. 鲈鱼洗净放入盘中，入蒸锅蒸 10 分钟。
2. 大葱切丝待用。
3. 食用油入热锅烧热，将大葱放到蒸好的鲈鱼上面，再用热油浇上，酱油均匀地淋在鲈鱼背上。

温馨提示 >>

鲈鱼需要选择 500 ~ 750g 大小的为宜，太小的鲈鱼没长成肉也少，太大的鲈鱼肉质老，口感不好。

营养盘点 >>

鲈鱼肉质鲜嫩且刺少，蛋白质、维生素 A 和 B 族维生素含量也非常高，同时富含钙、镁、锌、硒，对肝肾不足具有很好的补益作用。

圆白菜肉末

[材料] 圆白菜、肉末、火腿、食盐、食用油、有机酱油、鸡蛋清。

[制作方法]

1. 圆白菜叶子切碎，火腿切成碎末待用。
2. 肉末里面放入少许的鸡蛋清和几滴酱油，搅拌均匀待用。
3. 上锅加入清水，水开后加入圆白菜末，30 秒后捞出过滤待用。
4. 热锅中倒入食用油，油热后倒入肉末和火腿末大火翻炒，再加入圆白菜末继续翻炒，关火放少许食盐炒匀，起锅装盘即可。

温馨提示 >>

圆白菜肉末是一道非常易学易做的菜肴，它口感清脆，无特殊禁忌，最适合宝宝食用。

营养盘点 >>

圆白菜富含叶酸、维生素 C，肉末中有优质动物蛋白质、多不饱和脂肪酸和维生素 A 等脂溶性维生素。

萝卜焖仔排

[材料] 仔排、白萝卜、香菇、姜片、葱白、淀粉、食用油、料酒、老抽、食盐、香葱。

[制作方法]

1. 仔排切成小块，白萝卜切滚刀块，香菇洗净切片，香葱切成葱花。
2. 热锅中加入食用油，放入姜片及葱白煸炒至香味溢出。
3. 倒入仔排，加料酒与老抽翻炒至仔排上色后加水，加香菇片上盖大火焖煮约 20 分钟，再加入食盐，等汤汁大部分收干时熄火，勾芡并撒上葱花即可。

温馨提示 >>

干香菇宝宝不容易消化，因此最好选择鲜香菇，吃完香菇后最好让宝宝晒晒太阳，以便香菇中的维生素 D 原转化为维生素 D。

营养盘点 >>

仔排肉质较猪肉其他部位嫩且味道鲜美，白萝卜含有丰富的锌和维生素 C，有助于增强宝宝免疫力。香菇中还富含精氨酸和赖氨酸，常吃香菇还可以提高宝宝的免疫力，提高宝宝的智力。

松仁玉米

[材料] 松仁、玉米粒、胡萝卜、蜂蜜、淀粉。

[制作方法]

1. 胡萝卜切成玉米粒大小的丁，与玉米粒一起焯水。
2. 将玉米粒与胡萝卜粒捞出，剩下的水用淀粉勾芡。
3. 将玉米粒与胡萝卜粒入锅炒匀。
4. 关火，将松仁和蜂蜜放入锅中，拌匀即可出锅。

温馨提示 >>

焯水的时候，水不要倒太多，最好是焯水后刚够勾芡用水，这样可以让溶于水中的水溶性维生素最大程度保留。

营养盘点 >>

玉米与松仁是能量黄金搭档，玉米所含的核黄素、尼克酸、维生素 E 和磷、钾、镁、铁、锌、硒等矿物质及微量元素铜、锰都较其他谷类食物要高，松仁中则含有玉米中没有的钙，胡萝卜中含有松仁玉米中不具有的维生素 C、维生素 A。

香椿炒鸡蛋

[材料] 香椿、鸡蛋、香葱末，食用油、食盐。

[制作方法]

1. 香椿切成碎末，加食盐与鸡蛋一起搅拌。
2. 开火，锅中放油。
3. 搅拌好的鸡蛋与香椿末倒入热油中。
4. 翻炒，待鸡蛋凝固成型后，加入香葱末再翻炒几下即可出锅。

温馨提示 >>

香椿芽的采集最好在每年的谷雨之前，这时候的香椿芽嫩、香、口感好，营养价值也比较高，待谷雨后香椿的膳食纤维老化，营养与口感均会下降。

营养盘点 >>

香椿是一道天然的无公害蔬菜，可健脾开胃增加食欲，其中含有丰富的维生素 C 和维生素 E 以及铁、磷等矿物质，补充现代孩子常缺的抗氧化维生素，保护孩子健康。鸡蛋中含有丰富的蛋白质和卵磷脂，可补充香椿营养素的不足。

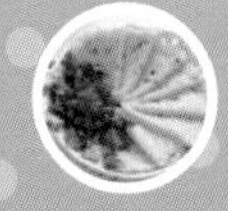

点心类

什锦沙拉

[材料] 黄瓜、苹果、鹌鹑蛋、火腿、胡萝卜、甜玉米粒、马铃薯、原味沙拉、橄榄油。

[制作方法]

1. 黄瓜、苹果、火腿切粒。
2. 鹌鹑蛋煮熟剥皮。
3. 胡萝卜、马铃薯蒸熟切粒。
4. 将所有的材料倒入沙拉酱以及橄榄油，拌匀即可。

营养盘点 >>

什锦讲究的就是食物多样，食物多样化最大程度地均衡了营养，而主材料中所缺乏的脂肪也由沙拉和橄榄油来补充，因此什锦沙拉是营养全面均衡的一道点心。

温馨提示 >>

主要材料可以根据实际情况进行搭配，尽量搭配谷类、蛋类和蔬菜类，这样可保证各类营养素的齐全。另外，家长要监督宝宝的食用情况，有些挑食的宝宝可能会只挑选自己喜欢的食材，可以用一些手段鼓励宝宝尽量多尝试什锦中的不同品种。

蜂蜜瓜条

[材料] 黄瓜、蜂蜜。

[制作方法]

黄瓜切条加入蜂蜜凉拌即可。

营养盘点 >>

蜂蜜中含有丰富的单糖，可直接被人体吸收，其特有的杀菌物质，是众多凉拌菜最亲睐的调料。黄瓜味道清香，具有清热、解渴之效，而且黄瓜中的黄瓜酶有很强的生物活性，能有效地促进机体的新陈代谢。

温馨提示 >>

选择新鲜的黄瓜要选择带刺、花已经蔫了的。黄瓜的刺被磨平，黄瓜则不新鲜，顶着花的黄瓜，要么是未成熟，要么是激素刺激过的黄瓜。另外，蜂蜜的选择一定要选择天然蜂蜜，有些蜂蜜看似价格便宜，其实为果糖调制的，因此选购的时候要注意分辨。

鸡汁马铃薯泥

[材料] 鸡汤、马铃薯、食盐。

[制作方法]

1. 马铃薯洗净去皮，蒸熟后捣成泥。
2. 将熬好的鸡汤与马铃薯泥加食盐拌匀即可。

营养盘点 >>

马铃薯具有解毒、消炎、健脾、益气的作用，其中的营养素非常全面，它所含的胡萝卜素和维生素 C 是其他谷类所不具备的，因此马铃薯可以作为常规食物。

温馨提示 >>

马铃薯营养价值极高，但是颜色发青的马铃薯不要买，那是因为马铃薯在生长的时候裸露到了土外，生成了一种叫龙葵素的毒素，会刺激肠道并且麻痹中枢神经。

马铃薯丝烙饼

[材料] 马铃薯、鸡蛋、面粉、食盐、食用油。

[制作方法]

1. 鸡蛋磕入碗中，搅散备用。
2. 马铃薯去皮洗净切成细丝，放入冷水中滤去多余的淀粉，再捞出沥干水分。
3. 将马铃薯丝倒入蛋液中，加入适量面粉、食盐，搅拌成较稠的面糊。
4. 热锅倒油，待油温热后将马铃薯丝面糊倒入锅中，用锅铲将面糊摊平成薄厚均匀的面饼，用小火将马铃薯丝饼煎至两面金黄。
5. 将烙好的马铃薯丝饼切成小块，码入盘中即可。

营养盘点 >>

马铃薯中含有丰富的碳水化合物和矿物质，尤其是钾含量非常丰富，可消肿利尿。鸡蛋中含有丰富的动物蛋白，蛋黄中除含有碳水化合物，还含有较多的胆固醇和矿物质，尤其是其中的胆固醇与丰富的卵磷脂都非常适合孩子食用，可增强宝宝体质、有效预防宝宝缺钙，增强宝宝智力 。

温馨提示 >>

马铃薯丝烙饼中维生素含量较少，只可作为正餐的补充。若只吃马铃薯丝烙饼，则需要给宝宝补充一些蔬菜和水果。

第3章

2~3岁宝宝的营养食谱

2～3岁宝宝的身体特征及配餐原则

2~3 岁宝宝的身体特征及配餐原则

2 ~ 3 岁是人生当中身心发育的最关键时期，宝宝 2 岁后已经俨然是个“小大人”了，生长发育更加迅速。他们的脑发育较快，脑重可达到成人的 3/4。因此这期间不仅要给宝宝喂食高钙食物，还应该补充脑神经发育所需的卵磷脂和脂肪等。此时宝宝的进餐也应该注意必须形成规律，这也有利于宝宝的神经系统的正常发育。

对于宝宝的健康，爸爸妈妈应该做些什么呢?

1. 给宝宝买牙膏牙刷，让宝宝学习刷牙。宝宝的牙膏和牙刷一定要买幼儿专用的，不可将成人用的牙刷给宝宝用。教宝宝刷牙之前首先要让宝宝观察爸爸妈妈怎么刷牙，逐步让他掌握正确的姿势。

2. 不让宝宝久坐久站，监督宝宝正确的坐姿。2 ~ 3 岁的孩子骨骼较软、弹性大、可塑性强，此时一定要让宝宝养成一个正确的站姿和坐姿。

3. 培养宝宝的精细运动。比如走一字步，在一条线上走，让宝宝体验高空感觉，会骑儿童自行车，会开关门，帮助妈妈摘菜、包饺子等。

4. 宝宝的自我意识开始增强，自理能力也会增强。2 ~ 3 岁的宝宝会非常准确地表达自己的意愿，对爸爸妈妈和喜欢的食物有极强的占有欲。这时候的孩子也最容易形成偏食的习惯，会拒食不喜欢的食物，会采用一些“小手段”逃避不喜欢的食物。这时候爸爸妈妈应该学会给宝宝讲道理，让宝宝对“营养健康”有一个模糊的认识并把健康饮食作为行为准则。比如跟宝宝讲，你吃很多种食物，就会长得跟爸爸一样高，跟爸爸一样有力气，宝宝会重复你的话来表示“理解”，爸爸妈妈则要继续监督宝宝按照执行。

聪明宝宝吃出来

谁都希望自己的宝宝聪明可爱，但是“聪明”并不是天生的，后天的营养补给和精心培养是很重要的，如果能给宝宝摄入充足的益智营养素，那么他们自然更聪明。

首先，我们来看看宝宝的脑部发育需要哪些营养呢?

1. 蛋白质，是神经传导的原材料之一。

2. 碳水化合物，供给大脑的能源。

3. 不饱和脂肪酸，是脑细胞、脑神经的重要组成部分。

4. 卵磷脂，可提高记忆力。

5.B 族维生素，称为神经维生素，维持脑部能量代谢和神经系统的正常运转。

6. 维生素 E，让脑血管血液流畅。

7. 铁和锌，让孩子注意力集中。

8. 钙，维持神经的正常活动。

9. 牛磺酸，提高脑部机能。

我们再来看看哪些物质对宝宝智力有伤害呢?

1. 自由基，攻击脑细胞的细胞膜，加速脑细胞退化。

2. 钠离子，导致孩子记忆力下降，反应迟钝。

3. 过氧化脂质，损伤大脑发育。

4. 铅和铝，会杀伤脑细胞。

因此，我们不能给宝宝吃过咸的食物，也不能吃味精，以免摄入过多的钠离子。同时少吃煎炸食品和腌渍食品，其中的过氧化脂类物质会损伤大脑细胞。松花蛋中的铅含量很高，尽量避免给孩子吃，油条和油饼中的铝会损伤大脑细胞，因此也是聪明宝宝必须忌讳的食物之一。

糖醋鳕鱼

[材料] 鳕鱼、淀粉、白糖、食盐、味精、酱油、醋、葱、姜、蒜、料酒、干淀粉、食用油。

[制作方法]

1. 鳕鱼自然解冻后切成约 3cm × 3cm 的块，用食盐、味精、白糖、料酒把鱼腌渍 3 小时。
2. 锅放油，将鳕鱼块蘸干淀粉用 180℃油温炸熟，出锅控油备用。
3. 锅留底油，煸香姜、蒜、葱，下入酱油和适量的水、淀粉一起烧至料汁黏稠，下入鱼块翻炒均匀出锅即可。

营养盘点 >>

鳕鱼肉质厚实，细刺极少并且肉味甘美，十分适合小朋友食用。鳕鱼肉中蛋白质约占 16.8%，比三文鱼、鲳鱼、鲥鱼、带鱼都高，而鳕鱼肉中所含脂肪和鲨鱼一样，只有 0.5% 左右，要比三文鱼低 17 倍，比带鱼低 7 倍。鳕鱼肉中富含 DHA、EPA 这两种可以增强记忆力、集中注意力与提高理解能力的脂肪酸，其比值和儿童的需要量非常相近，更易被消化吸收，同时还含有儿童成长发育所必需的维生素 A、维生素 D、维生素 E 和其他多种维生素。

温馨提示 >>

由于鳕鱼中富含的维生素种类多为脂溶性维生素，在烹制过程中切记要挂厚糊，防止营养素在炸制过程中的流失。

口蘑煲鸡

[材料] 口蘑、红枣、乌骨鸡、生姜、食盐、白糖、醋、白胡椒粉。

[制作方法]

1. 将口蘑剖成两半，乌骨鸡切块，红枣洗净去子。
2. 砂锅中装水适量，放入鸡块和红枣用小火煲 1 小时左右。
3. 在砂锅中放生姜、食盐、白胡椒粉、醋和口蘑，再煲 10 分钟即可。

营养盘点 >>

口蘑中含锌非常丰富，有助提高宝宝的智力。乌骨鸡中含有丰富的不饱和脂肪酸和蛋白质，对于宝宝的脑部神经发育提供了充足的原材料，因此口蘑炖乌骨鸡是一道非常益智的食物。

温馨提示 >>

对于乌骨鸡的选择，注意分辨乌骨鸡是指骨头为青黑色的鸡，不要与仅仅鸡皮为青黑色的鸡混淆。

韭菜薹炒鳝丝

[材料] 韭菜薹、黄鳝、食用油、蒜片、姜丝、食盐。

[制作方法]

1. 韭菜薹洗净切成段，黄鳝洗净切成丝。
2. 热锅放油，油热后下入蒜片、姜丝煸香。
3. 放入黄鳝丝大火爆炒，再放韭菜薹翻炒3分钟后，放入食盐即可出锅。

营养盘点 >>

鳝鱼是一种高蛋白低脂肪食物，含有丰富的DHA和卵磷脂，尤其是所含胡萝卜素相当丰富，是健脑明目的最佳食材。韭菜薹可去除鳝鱼的腥味，同时具有通便和杀菌的作用。

温馨提示 >>

鳝鱼必须吃新鲜的鳝鱼，死鳝鱼会产生大量的毒素，因此购买的时候注意挑选新鲜的鳝鱼。

松仁鸡米

[材料] 鸡胸肉、玉米粒、胡萝卜、青豆、松仁、白糖、食盐、生粉、葱、姜、蒜、食用油。

[制作方法]

1. 鸡胸肉自然解冻后切成1cm的小丁，上浆后滑油备用。
2. 玉米粒和青豆自然解冻后备用。
3. 胡萝卜去皮清洗后切1cm的丁用水炒熟后备用。
4. 松仁用油低温炸熟备用。
5. 锅放水，水烧开后下入青豆、胡萝卜丁以及玉米粒焯约10秒钟，出锅控水备用。
6. 锅放油，油七分热时下入鸡丁，滑油10秒钟出锅控油备用。
7. 锅留底油煸香葱、姜、蒜，下入白糖和适当的水、生粉一起烧至料汁黏稠，下入鸡丁、玉米粒、胡萝卜丁、青豆翻炒均匀出锅即可（把炸好的松仁撒在上面）。

营养盘点>>

该菜品颜色亮丽、原料组成丰富合理，既有富含维生素A原的胡萝卜，又有富含多种抗氧化成分的青豆，其主要原料鸡肉又是一种易于消化吸收的低脂肪白色肉类。特别值得一说的是松子仁，松子仁中含有丰富的亚油酸、皮诺敛酸等不饱和脂肪酸，是木本植物果实中含不饱和脂肪酸较多的食物。不饱和脂肪酸是构筑脑细胞必不可少的脂肪酸，具有完善脑的结构、增强脑细胞代谢、促进和维护脑细胞功能和神经功能的作用，因此是孩子健脑益智和生长发育不可缺少的营养食品。

温馨提示>>

松子虽好，也并非人人皆宜，脾虚腹泻以及多痰患者最好和松子保持距离。由于松子油性较大，且属于高热量食品，吃得太多会使体内脂肪增加，每天食用松子的量以20～30g为宜。

鹌鹑蛋炒虾仁

[材料] 鹌鹑蛋、虾仁、淀粉、葱花、食用油、食盐、蒜泥。

[制作方法]

1. 鹌鹑蛋直接下沸水中煮熟剥皮。
2. 虾仁洗干净后用淀粉上浆。
3. 热锅中放油，油热后放虾仁翻炒几下即可出锅。
4. 将鹌鹑蛋与虾仁混合翻炒，加入蒜泥和食盐即可出锅。

营养盘点 >>

鹌鹑蛋富含蛋白质、卵磷脂、不饱和脂肪酸，为宝宝的神经发育提供了重要的原材料，虾仁中的蛋白质、矿物质含量也非常丰富，也是非常好的益智食品。

温馨提示 >>

对于宝宝智力发育来说，鹌鹑蛋与鸡蛋比，脂肪含量高，维生素 A、视黄醇、核黄素含量都高，是更好的益智食品。

蜜汁煎三文鱼

[材料] 三文鱼、酱油、淀粉、料酒、柠檬汁、蜂蜜、葱、食盐、姜片。

[制作方法]

1. 三文鱼切成厚片加酱油和水，用淀粉上浆。
2. 将上浆的三文鱼片加料酒、食盐、葱、姜片和柠檬汁并腌渍 10 分钟。
3. 热锅加油，待油五成热时将三文鱼一片一片分开下锅煎炸至金黄。
4. 关火将多余的油倒出，将蜂蜜汁倒入煎炸好的三文鱼片上搅匀即可。

三文鱼中含 Ω-3 脂肪酸，是脑部、视网膜及神经系统生长所不可少的物质，常吃三文鱼可增强脑神经功能。

温馨提示 >>

蜂蜜最忌讳高温，因此必须在关火之后倒上蜂蜜，以最大程度保护蜂蜜中的活性因子。蜂蜜不需要“高温杀菌”，因为蜂蜜本身就有杀菌的功能。

凉拌蚕豆

[材料] 蚕豆、香油、食盐、红油、醋。

[制作方法]

将新鲜的蚕豆上锅蒸熟，取出待冷却后，放入适量红油、香油、食盐和醋拌匀即可。

营养盘点 >>

蚕豆中含有调节大脑和神经组织的重要成分钙、锌、锰等，并含有丰富的胆碱，有健脑作用，对于大脑快速发育的宝宝来说，适当食用蚕豆会有一定帮助。

洋葱兔丁

[材料] 洋葱、兔肉、食用油、食盐、鸡精、豆瓣酱。

[制作方法]

1. 洋葱洗净切成小方块。
2. 兔肉洗净切成丁后焯水待用。
3. 热锅加食用油，油烧到七成热时放入豆瓣酱炒香，再倒入兔肉丁爆炒。
4. 加适量的清水用大火烧，水快收干时加洋葱块翻炒，再加入食盐和鸡精拌匀，起锅装盘即可。

温馨提示 >>

洋葱的味道具有很强的刺激性，因此要先让宝宝熟悉洋葱的味道。

营养盘点 >>

兔肉是一种高蛋白低脂肪的食物，它质地细嫩、味道鲜美、消化率高，是理想的宝宝食品，同时兔肉中富含大脑发育不可缺少的卵磷脂，具有健脑益智的功效。洋葱可促进食欲、帮助消化、杀菌抗氧化，提高宝宝的抗病能力。

体弱宝宝如何吃出好免疫力

香菇柿子椒肉丝拌面

[材料] 面条、瘦肉丝、香菇、柿子椒、酱油、淀粉、食用油、食盐、姜蒜片。

[制作方法]

1. 柿子椒切丝，香菇切丝，肉丝加少许水和食盐用淀粉勾芡稍腌。
2. 热锅放油，油八成热时加肉丝和姜蒜片爆炒半分钟。
3. 锅中加香菇丝与柿子椒丝同炒，成为香菇柿子椒肉丝。
4. 锅中加水，水开后下面条，面条熟后捞起来，加食盐、酱油与香菇柿子椒肉丝拌匀即可。

营养盘点 >>

香菇中含有大量抗病毒成分，可增强人体免疫力。柿子椒是蔬菜中的“维生素C之王”，100g柿子椒中含维生素C达130mg左右，维生素C具有抗氧化的作用，可提高人体抗病能力。

温馨提示 >>

面汤可以作为汤或开水来喝，最好不要倒掉以免其中的水溶性营养素流失。

丝瓜蘑菇汤

[材料] 丝瓜、蘑菇、葱、姜、食用油、香油、食盐。

[制作方法]

1. 将丝瓜洗净去皮切成丝。
2. 蘑菇切片。
3. 葱切成葱花，姜切成姜末。
4. 热锅中放油，油热后将姜末放入，煸香后放水煮沸。
5. 将丝瓜丝和蘑菇片放入沸水中，3 分钟后熄火，放入葱花和香油即可出锅。

温馨提示 >>

丝瓜蘑菇汤营养丰富，性质平和，百无禁忌，可以多给宝宝食用。

营养盘点 >>

丝瓜翠绿清香，可清热解暑，各营养素含量在瓜类中是非常高的，其中含有人参中的特有成分——皂甙，可提高人体免疫力， 蘑菇中也含有非常优质的植物蛋白和矿物质，因此丝瓜蘑菇汤非常适合宝宝夏秋清热解暑与增强体质之用。

山楂蓝莓沙拉

[材料] 山楂、蓝莓、酸奶。

[制作方法]

山楂洗净去子，蓝莓洗净，倒入酸奶拌匀即可。

营养盘点 >>

山楂深受人们的喜爱，除了帮助消化和保护心血管，还可以抗菌并清除自由基，增强人体免疫力。蓝莓中的抗氧化成分是食物中最高的，因此多吃蓝莓可提高人体抗病能力。酸奶中的酪蛋白和卵清蛋白可增强呼吸道和内脏器官抗感染的能力，防止病毒和细菌粘到呼吸道上。

清炒西蓝花

[材料] 西蓝花、大蒜末、食用油。

[制作方法]

1. 将西蓝花洗净掰成小朵。
2. 热锅中放油，油热后放西蓝花爆炒半分钟。
3. 锅中放少许水盖上锅盖，5 分钟后待水收干，倒入大蒜末炒匀即可出锅。

营养盘点 >>

西蓝花中含有非常丰富的维生素 C，抗氧化作用很强。大蒜具有极强的杀菌、抗菌和抗氧化能力，因此这道清炒西蓝花可帮助人体抵抗细菌侵入，从而提高人体免疫力。

温馨提示 >>

西蓝花是维生素 C 含量最高的蔬菜之一，但维生素 C 是水溶性维生素，遇到高温会分解，因此不可先焯水再炒，也不可炒得太久太烂。大蒜中的蒜素要暴露在空气中才会挥发出来，所以要利用蒜中的蒜素就必须切碎，让大蒜充分的与空气接触。大蒜中的蒜素和硒化铅会被高温破坏，因此蒜末要在出锅前放入，不可放太早。

双菇烧竹荪

[材料] 干竹荪、干香菇、口蘑、茼蒿、食盐、姜末、食用油。

[制作方法]

1. 干竹荪与干香菇洗净，用水发泡并切成片。
2. 口蘑切片，茼蒿去除老叶洗净待用。
3. 炒锅放油，油热后将上述两菇一荪倒入锅中爆炒。
4. 锅中放发泡用水一起烧沸，加姜末、食盐、茼蒿。
5. 待茼蒿烧熟即可出锅。

营养盘点 >>

竹荪被称为“菌中皇后”，历史上曾作为宫廷贡品，近代也成为国宴名菜。竹荪中含有丰富的膳食纤维，又含有丰富的矿物质。香菇中含有人体必需的氨基酸，而且比例非常适合人体需要，常吃可提高人体免疫力，增强宝宝的抗病能力。口蘑可增强 T 淋巴细胞功能，从而提高机体抵御各种疾病的免疫功能。而菌类中所缺乏的维生素由茼蒿来补充，因此这道双菇烧竹荪是营养非常全面的强身菜肴。

温馨提示 >>

竹荪是天然的防腐剂，夏天在汤菜中放 1 ~ 2 朵竹荪，菜汤可延长保存时间。

“内调外理”，打造漂亮宝宝

芹菜炒对虾

[材料] 芹菜、对虾、食盐、蒜末、花椒粉、食用油。

[制作方法]

1. 芹菜洗净去茎切成碎末，虾洗净剪去须。
2. 热锅倒油，在油五成热的时候，放入对虾翻炒。
3. 再倒入切好的芹菜末继续翻炒。
4. 加入适量食盐、花椒粉和蒜末继续翻炒至熟即可出锅。

营养盘点 >>

芹菜含铁量较高，能有效补血，其含有的维生素C可有效抗氧化，让皮肤白皙无瑕疵。芹菜中的膳食纤维含量很高，可促进宝宝肠胃蠕动，帮助消化又促进排毒。虾是高蛋白食物，其中的钙、磷、铁等矿物质含量也非常高，常吃芹菜可让宝宝面色红润白皙。

温馨提示 >>

芹菜的纤维素含量高，给宝宝制作的时候可以适当切碎，以减少宝宝咀嚼的难度。

鲜汤雪里红

[材料] 雪里红、食用油、蒜末、食盐。

[制作方法]

1. 将雪里红摘去老叶，洗净并沥干水。将雪里红中间嫩心切成碎末，稍老的叶子焯水挤干后切成碎末。
2. 锅中放油，油热后放入雪里红末和蒜末爆炒。
3. 放适量清水煮开，放食盐即可出锅。

温馨提示 >>

雪里红如果经过腌渍，会产生大量亚硝酸盐，还会流失掉大部分维生素 C，因此只有鲜的雪里红才可以给宝宝食用。

营养盘点 >>

雪里红真正称得上是“美丽的食物”，不仅名字美，还是高钙、高铁、高维生素 C 和高纤维的蔬菜，能增加血红蛋白含量并提高血红蛋白的携氧能力，促进宝宝的造血等功能。

上汤芥蓝

[材料] 芥蓝、高汤（骨头汤）、虾米、干香菇、食盐、食用油。

[制作方法]

1. 芥蓝洗净，茎部稍老的地方去皮，干香菇发泡切片。
2. 锅中放油，油热后放芥蓝、香菇片清炒几下。
3. 加高汤、虾米和食盐，稍微收汤即可出锅。

温馨提示 >>

熬制高汤的时候可适当加点醋，以便骨头中的钙质析出。

营养盘点 >>

芥蓝清脆爽口、颜色鲜绿，是很多人都喜欢的一种食材，它的维生素 C 含量远远超出了大家公认的菠菜，芥蓝中还含有丰富的胡萝卜素（维生素 A 原），可预防干眼症和夜盲，让宝宝拥有白嫩嫩的皮肤和水灵灵的眼睛。

高挑身材，从宝宝的饮食开始

理想的身高与合理的营养密不可分，尤其是蛋白质、锌、钙、磷、维生素 A 和碘，它们对孩子的身高有着最直接的作用，或直接构成骨骼的成分，或通过影响儿童食欲和免疫功能间接影响儿童身高。因此，为宝宝设计增高食谱必须满足高蛋白、高钙、磷、锌和维生素 A 几种营养成分。当然，为了均衡营养，要懂得食物多样化是避免孩子营养不均的最高法则。

午餐肉烧豆腐

[材料] 水豆腐、午餐肉、猪肝、食用油、蒜末、葱花、食盐。

[制作方法]

1. 午餐肉切成小薄片，豆腐切成小块，猪肝煮熟切粒。
2. 锅内放油，油热后下入豆腐块煎至两面金黄色，注入适量清水，大火烧开。
3. 加午餐肉片和猪肝粒继续烧 2 分钟，再撒上蒜末、食盐和葱花出锅即成。

营养盘点 >>

豆腐是高钙、高蛋白食物，豆腐中还含有较高的磷。午餐肉中的钙含量也非常高，猪肝富含维生素 A，因此用午餐肉烧豆腐，符合宝宝的增高营养需求。

温馨提示 >>

猪肝在本菜肴中主要是为了增加维生素 A 含量，如果宝宝不喜欢吃猪肝，可用其他富含维生素 A 的食材代替，比如胡萝卜、番茄、南瓜等。

肉松炝空心菜

[材料] 肉松、空心菜、柠檬、食盐、食用油。

[制作方法]

1. 空心菜洗净，将茎拍破切段并焯水，柠檬泡水。
2. 热锅中放油，油热后放入空心菜急火爆炒。
3. 将少许柠檬水加入锅中，倒入肉松和食盐和匀即可关火出锅。

营养盘点 >>

很多人一说起补钙就想到骨头汤，殊不知有些植物中的钙含量也是不输于肉类的。空心菜中的钙含量是叶菜中最高的，磷的含量也相当高，完全可以用作补钙、补磷之用，而加上肉松中钙和锌的含量也较一般的畜肉类高，这道肉松空心菜，可谓真正的“绿色增高剂”。

温馨提示 >>

炒空心菜的时候焯水是为了去掉其中的草酸，当然也会流失掉部分水溶性维生素，加点柠檬水不但可以补充维生素 C，还可以让空心菜炒出来色泽嫩绿，避免直接炒所呈现出的黑绿色。

第4章

婴幼儿常见营养缺乏症的食疗补救措施

一 缺钙不乱补，补钙不盲目

《中国居民膳食营养素参考摄入量》对于婴幼儿的钙摄入量做出了明确的参考值，要求婴幼儿每日钙摄入量应该在300～500mg。判断宝宝是否缺钙，首先检查宝宝的饮食情况，奶量、辅食中钙含量是否充足，孩子的消化功能是否正常，是否经常晒太阳等，其次再看宝宝的发育情况。

如果宝宝有以下症状4项以上，就应该去查一查微量元素，看看是否缺钙。

1. 夜间盗汗、枕秃 。
2. 睡眠浅、夜惊、夜啼。
3. 性格异常，脾气古怪，不易照看。
4. 出牙较晚或出牙不齐。
5. 学习走路较晚，骨关节出现畸形。
6. 囟门延迟闭合。
7. 宝宝呼吸不畅，易患气管炎、肺炎。
8. 肌肉肌腱松弛。
9. 其他症状：如食欲不振、精神状态不好、抽搐、对周围环境不感兴趣、智力低下、免疫功能下降等症状。

如果发现宝宝缺钙，家长也不要慌不择路地为宝宝补钙，如果补钙方法不对，反而白白浪费自己的精力，同时耽误宝宝的生长发育，给宝宝补钙应该遵循以下原则：

1. 钙磷比例和钙镁比例适中。

2. 钙锌不要同补。钙能干扰锌的吸收利用，因此补钙与补锌应该分开进行。

3. 不要让钙遇见草酸。菠菜等绿叶菜中含有大量的草酸，草酸会与钙结合为草酸钙，因此草酸含量高的食品尽量与补钙食物分开，或将高草酸食物在开水中焯一下去掉草酸，再一起制作菜肴。

4. 补钙要远离碳酸饮料。道理与草酸一样，碳酸与钙会结合成碳酸钙，因此不仅宝宝要远离碳酸饮料，成人也不应该常喝。

5. 补钙同补维生素 D。晒太阳能够让宝宝的身体自己合成维生素 D，不过宝宝皮肤娇嫩，注意避免早上 10:00—下午 5:00 晒太阳。

6. 补钙不要过量。补钙切记缺多少就补多少，过量的钙能让宝宝便秘，骨骼过早的钙化产生结石，甚至干扰其他微量元素的吸收利用。2 ~ 3 岁宝宝每日需要钙 500 ~ 600mg，我们可以参照食物营养成分表进行计算。妈妈可以定期到儿童保健机构为宝宝做钙质检测测头发，宝宝每克头发中正常的含钙量应在 500 ~ 2000μg，低于 250μg 为严重缺钙，含量在 350μg 左右为中度缺钙，450μg 的为一般性缺钙。若食物中钙含量不足，则应该补充钙制剂。

7. 尽量运用食补，不用补钙制剂。高钙植物是理想的补钙食物，比如荠菜、苋菜、黄花菜、红薯叶、香菜、野葱等。此外，虾皮、芝麻酱、乳类、蛋类也是钙的最佳食物来源。

8. 补钙必须将钙的吸收问题考虑进去。

下面为宝宝介绍几样补钙营养食谱：

鱼香菜糊糊

[材料] 米粉、鱼肉泥、大白菜末、食盐、猪油。

[制作方法]

1. 米粉加清水搅为糊，入锅旺火烧沸约 8 分钟。
2. 将大白菜末、鱼肉泥、食盐、猪油加入米糊中，熟透后起锅即可。

营养盘点 >>

鱼肉与大白菜均是含钙丰富的食物，不仅味道鲜美，还能为宝宝的骨骼发育添砖加瓦，鱼肉中的磷脂还能够促进宝宝大脑发育，鱼香米糊糊不失为一道补钙补脑的宝宝营养美食。

荠菜炒鹅蛋

[材料] 荠菜、鹅蛋、食用油、香油、食盐。

[制作方法]

1. 荠菜洗净切成末。
2. 鹅蛋打散。
3. 将食用油放入锅内，油热后下入打散的蛋快炒，投入荠菜末大火炒至荠菜末熟，放入香油和食盐出锅即成。

温馨提示 >>

荠菜在患热感冒的时候不宜食用，鹅蛋性平，滋补无所禁忌。

营养盘点 >>

荠菜含丰富的维生素和植物纤维，其中的钙、磷、铁含量比普通蔬菜都要高 2 ~ 3 倍，鹅蛋中含有人体必需的 8 种氨基酸，钙、磷含量也较高，荠菜炒鹅蛋中的钙含量也比普通的食物高许多。

豌豆炒鸡米

[材料] 豌豆、鸡肉、食用油、蒜片、蚝油、水淀粉、食盐。

[制作方法]

1. 豌豆洗净。
2. 鸡肉洗净剁成肉末，拌入蚝油和水淀粉。
3. 锅内放油，油热后下入蒜片和肉末大火翻炒。
4. 放入青豆翻炒1分钟，然后注入适量清水（以浸过青豆为宜）。
5. 改中火焖至青豆熟透，加食盐出锅即成。

营养盘点 >>

豌豆中含有丰富的钙、磷、钾、镁，还含有丰富的不饱和脂肪酸和大豆磷脂，有补钙和健脑的功效。

温馨提示 >>

豌豆一定要熟透才可以吃。

油豆腐烧鸡胸肉

[材料] 油豆腐、鸡胸肉、食用油、蒜末、葱花、水淀粉、食盐。

[制作方法]

1. 鸡胸肉洗净切成小颗粒，拌入水淀粉。
2. 油豆腐用水冲洗滤去水分。
3. 热锅中下油，油热后放入鸡胸肉粒大火翻炒。
4. 加油豆腐继续翻炒，并注入 1 小碗清水大火烧开。
5. 加蒜末、食盐，勾芡并撒入葱花即可出锅。

营养盘点 >>

油豆腐含有丰富的优质蛋白，钙和铁的含量也非常高，鸡肉中也含有一定的钙质，油豆腐烧鸡胸肉是一道幼儿补钙的佳品。

温馨提示 >>

油豆腐的选择非常有讲究，优质的油豆腐呈金黄色，香味纯正有弹性。充水的油豆腐表面粗糙，色泽不均匀且容易捻烂。

骨髓上汤面

[材料] 猪大骨、龙须面、生菜叶、食盐、米醋、姜片、八角。

[制作方法]

1. 猪大骨砸碎放入水中，加姜片、八角熬煮成上汤（水中加米醋，以便钙质析出）。
2. 将未析出的骨髓用小勺掏出，骨头捞出。
3. 将面条下入汤中，熟后下入生菜叶，最后放食盐即可出锅。

营养盘点 >>

高汤中富含钙、铁、磷，面条含有丰富的蛋白质、碳水化合物和多种维生素，为快速发育生长的宝宝补充钙和铁，预防软骨症和贫血。

温馨提示 >>

猪大骨可用牛棒骨替代，上汤熬制的时间至少在30分钟以上才能将钙质充分溶到汤中。

鱼饺

[材料] 豆腐、鱼、饺子皮、姜末、鸡蛋、食盐。

[制作方法]

1. 鱼洗净，从鱼背中间竖切，然后向两边切开，将鱼肉和鱼骨分离出来。
2. 鱼肉剁成鱼肉泥，豆腐压成豆腐泥。
3. 鱼肉泥、豆腐泥、姜末、食盐和鸡蛋一起搅拌成饺子馅儿。
4. 用饺子皮包上饺子馅儿，下锅煮熟即可。

营养盘点 >>

鱼肉中含有丰富的钙，在制作鱼肉泥的时候，其中部分的小刺也会被剁进鱼肉泥中，鱼刺的钙含量比鱼肉多很多，所以用鱼肉来做馅儿，补钙的效果更好。豆腐中的钙含量也非常高，用鱼肉与豆腐配合做饺子馅儿，不仅味道鲜美而且补钙效果也好。

温馨提示 >>

1. 煮饺子的时候，可以一边加生水一边煮，饺子不易开裂，当饺子浮上来就加点水，再烧开再加点水，如此 3 ~ 4 次，饺子就可以出锅了。2. 为了防止营养流失，饺子汤可以用来做开水喝。

软烧泥鳅

温馨提示 >>

泥鳅一定要熟透才可以吃，因为泥鳅中有小刺，要注意不要卡到宝宝。

[材料] 泥鳅、蒜、姜、料酒、香辣酱、花椒、食用油、水淀粉、食盐。

[制作方法]

1. 蒜剁成颗粒，姜切成片。
2. 将杀好的泥鳅洗净。
3. 热锅放油，油热后下入花椒、姜片、蒜粒、香辣酱煸香，再放入泥鳅爆炒。
4. 注入适量清水（以浸过泥鳅为宜），大火烧开改中火焖至泥鳅熟透。
5. 下入料酒、食盐，再勾芡即可。

营养盘点 >>

泥鳅肉质细嫩鲜美，其中蛋白质含量比一般的鱼类都要高，钙、磷和铁的含量也非常高，对于缺钙造成的小儿盗汗有很好的疗效。

鲜扇贝炒虾皮

温馨提示 >>

扇贝为发物，脾虚胃寒的宝宝不宜食用，生病期间也不宜食用。

[材料] 鲜扇贝、虾皮、生菜少许、料酒、食用油、食盐。

[制作方法]

1. 鲜扇贝洗净去掉周边的肉，将中间白色的肉撕成丝。
2. 虾皮用少许水泡一下，生菜切成末。
3. 将油放入锅中，油热后放入扇贝丝和虾皮并用油滑开再翻炒。
4. 加料酒，再加生菜末稍炒，最后放入适量食盐即可出锅。

营养盘点 >>

鲜扇贝肉质柔嫩鲜香，其中的钙、铁、钾、锌、硒含量均为海鲜中的佼佼者，虾皮中的钙含量也是食材中首屈一指的，用虾皮炒扇贝可让其总钙含量大幅度增加。

鲮鱼素鸡包

[材料] 鲮鱼(罐头)、素鸡、芹菜、面粉、酵母、鸡蛋清。

[制作方法]

1. 面粉加水，用酵母醒好。
2. 罐头鲮鱼切成碎末，素鸡切成很小的颗粒，芹菜切末。
3. 将上述各种碎末用鸡蛋清搅拌在一起即成包子馅儿。
4. 用醒好的面做包子皮，将馅儿包进去。
5. 上蒸锅，将包好的包子在蒸锅中蒸 5 ~ 10 分钟即可。

营养盘点 >>

每 100g 鲮鱼罐头中含有钙约 300mg，这比普通鱼类的钙含量要高 3 倍，素鸡在豆制品中钙含量很高，将鲮鱼和素鸡用来蒸包子，不但风味独特，也可以作为钙补充剂给宝宝食用。

温馨提示 >>

素鸡和鲮鱼在加工的时候就已经放过食盐了，因此在做馅儿的时候不必再放盐。包子在蒸锅中蒸多久时间，根据包子的大小来定，一般的小笼包子大小 7 ~ 8 分钟就可以。

缺铁的症状及补铁营养食谱

宝宝从母体分离出来，会在母体中获得一定的铁元素，同时母乳中也含有一定的铁，因此婴儿一般不需要补充铁。但是随着宝宝的断奶和生长发育的需求，往往会因为缺铁而造成贫血。

宝宝补铁最好是从食物中补充，天然食物中的铁元素更容易吸收，在给宝宝制作补铁食物时，不要忘记了同时补充维生素 C，充足的维生素 C 可以提高宝宝对铁的吸收利用率。

甜椒炒鸡肝

[材料] 鸡肝、甜椒、食用油、香油、姜末、料酒、食盐。

[制作方法]

1. 甜椒洗净切成丝。
2. 鸡肝洗净切成薄片。
3. 锅内放油，油热后下入姜末和甜椒丝，将甜椒丝煸至断生。
4. 放入鸡肝片大火猛炒，并加入料酒、香油、食盐，最后装盘即可。

营养盘点 >>

每 100g 鸡肝中约含铁 9.6mg，其他矿物质和微量元素含量也非常高。甜椒中的维生素 C 含量是蔬菜中最高的，因此甜椒炒鸡肝不仅可以补铁，也能补充维生素 C，提高铁的吸收率。

温馨提示 >>

鸡肝无所忌，但是在选择鸡肝的时候注意选择颜色鲜亮、气味纯正的鸡肝，病鸡或死鸡的鸡肝颜色不正，通常发黄、暗红、腥味很浓，在选购的时候注意分辨。

紫菜炒肉末

[材料] 紫菜、肉末、炒菜用油、香油、食盐、水淀粉。

[制作方法]

1. 紫菜洗净待用，肉末里面拌入香油、水淀粉。
2. 将油放入锅内，油热后下入肉末大火翻炒，加紫菜继续翻炒半分钟，加食盐即可出锅。

紫菜性寒，消化功能不好、腹痛便溏者不宜食用紫菜。

紫菜属于低脂高蛋白海生藻类植物，其所含的丙氨酸、天冬氨酸、谷氨酸等中酸性氨基酸是陆生植物所没有的，紫菜中的铁、钙、磷、硒、钾的含量都非常高，可用做日常矿物质补充之用。

鸡血豆腐羹

[材料] 鸡血、豆腐、泡发黑木耳、瘦肉、西蓝花、葱花、酱油、食盐、高汤、水淀粉、食用油。

[制作方法]

1. 把豆腐和鸡血切成颗粒，黑木耳切丝，瘦肉剁馅儿，西蓝花削下冠部切成碎末。
2. 瘦肉馅儿在热油中稍炒一下盛出待用。
3. 高汤烧开，下入豆腐粒、鸡血粒、黑木耳丝和瘦肉馅儿煮 3 ~ 5 分钟。
4. 加入西蓝花煮半分钟，再撒上葱花，加点酱油和食盐后再用水淀粉勾芡即可出锅。

温馨提示 >>

鸡血和豆腐可以用半成品“血豆腐”代替，但是市面上的假血豆腐很多，假血豆腐中无蜂窝且容易破碎，购买时要注意分辨。

营养盘点 >>

鸡血豆腐羹滑嫩爽口，所选食材均为高铁食物，同时配上含有丰富维生素 C 的西蓝花，可利用其中的维生素 C 促进铁的吸收。

枣泥猪肝粥

[材料] 红枣、猪肝、鸡蛋黄、粳米、食用油、食盐。

[制作方法]

1. 红枣剥去外皮及内核，将枣肉剁碎。
2. 猪肝稍煮，压成猪肝泥，鸡蛋黄压成蛋黄泥。
3. 锅中放水，水开后放粳米，再开后放红枣碎和猪肝泥，加入食用油煮成粥。
4. 粥熬制烂熟后，加入食盐和鸡蛋黄泥稍做搅拌即可。

营养盘点 >>

红枣被古营养学家列为“五果”之一，时常用来补血，将红枣用来补血，其中最重要的原因是红枣中不但富含铁，而且富含维生素，尤其是维生素 C，维生素 C 可促进铁的吸收利用，而 90% 的贫血者就是因为缺铁引起的，在粥中加入鸡蛋和猪肝，更能增加粥中的铁含量。

温馨提示 >>

在选择红枣的时候，只要把红枣掰开看果肉是否正常就可以，不必特别在意红枣的果皮是否光滑或色泽是否均匀。如果枣身特别红亮光滑，可能是熏染过的。

五色珍珠汤

[材料] 面粉、猪肉、番茄、菠菜、藕、木耳、姜末、蒜末、食用油、食盐。

[制作方法]

1. 将面粉加水搅拌成絮状，猪肉剁成肉馅儿。
2. 番茄切片，菠菜洗净切碎，藕切丁，木耳切丝。
3. 锅中放油，油五成热时放姜、蒜末煸香，放水烧开。
4. 加搅拌好的面放入沸水中，一边放一边搅，让絮状面分开不粘连。
5. 猪肉馅儿在油锅中稍炒，加入煮面锅中。
6. 再依次放入藕丁、番茄片，最后放菠菜末和食盐，煮熟即可出锅。

营养盘点 >>

中医中有五色五味入五脏之说，从营养素的角度来分析，五种色彩的食物的营养素各有侧重点，因此菜肴中只要色彩丰富，一般营养就均衡。本道菜肴中，分别选用了5种色彩的食物中含铁较高的食材，既保证了食物的营养均衡，又可以补充铁元素。

温馨提示 >>

五色珍珠汤中营养均衡且口感鲜香，无禁忌，可以作为独立餐给宝宝食用，无需另做主食和配菜。

三 缺锌，往往来得不知不觉

锌是人体必需微量元素之一，在生长发育过程中起着非常重要的作用，被人们誉为“生命之花”。尤其是少年儿童对锌的需求量大，如果饮食不合理就很容易缺乏。缺锌对孩子发育有很多影响，但是很多缺锌的症状不为人所熟悉，现在我们就来看看缺锌的孩子会有哪些症状表现：

1. 发育不良。锌是很多酶的催化剂，缺锌时酶的活性就会降低，会影响细胞的分裂和生长，同时锌还参与核酸、蛋白质以及生长激素的合成和分泌，是身体发育的动力所在，严重缺锌甚至会导致“缺锌性侏儒症”。

2. 厌食。缺锌会导致味觉障碍，会降低孩子对食物的好感，严重的会出现“厌食癖”。

3. 溃疡。很多孩子口腔溃疡会被认为是缺乏维生素、“上火”，殊不知缺锌也会引起溃疡，因此治疗孩子溃疡一定要找准根源，不然久治不愈就会越拖越严重。

4. 免疫力低下。有研究表明，儿童缺锌会影响吞噬细胞的杀菌能力和降低抵抗力，抵抗力降低创伤愈合能力就会减慢，反复感冒的孩子很可能就是缺锌所致。

5. 锌可以促进维生素 A 的吸收，维生素 A 被称为视黄醇，是眼睛的保护神，如果缺锌就会间接的影响到孩子的眼睛。当孩子常常觉得眼睛干涩视力有障碍，可以考虑孩子是否缺锌。

6. 注意力不集中，学习能力差，反应迟钝。孩子缺锌会影响学习，如果感觉孩子的学习力差，注意力难以集中，不要简单地判断为孩子性格所致，缺锌也有此类表现。

虽然缺锌会给孩子的发育带来很多的伤害，但是我们强调补锌的同时也要强调补锌的剂量。如果不根据实际需求量来补，锌过多也会造成中毒，会出现恶心呕吐、腹痛腹泻等。饮食中的锌含量一般不容易造成锌中毒，如果用锌补充剂，就要特别的注意剂量。

豆腐皮炒肉丝

[材料] 豆腐皮、胡萝卜、肉、食用油、酱油、水淀粉、食盐。

[制作方法]

1. 豆腐皮和胡萝卜洗净分别切成丝。
2. 肉洗净切成丝，里面拌入酱油、水淀粉。
3. 锅内放油，油八成热时放入肉丝，大火炒至八分熟用盘盛出。
4. 锅中倒胡萝卜丝炒至断生，再下入豆腐皮丝、肉丝并放入食盐即可出锅。

营养盘点 >>

豆腐皮中除了含较高的蛋白质，含锌量也非常高，胡萝卜作为配菜用，其中的胡萝卜素与豆腐皮中的锌还能打一个“配合战”，锌能提高维生素A的利用率（胡萝卜素在体内可转化为维生素A），补锌又能补维生素A，促进生长发育又保护宝宝的眼睛。

百合干炒牛肉丝

[材料] 干百合、牛肉丝、食用油、食盐。

[制作方法]

1. 锅内放油，油热后投入牛肉丝大火爆炒。
2. 下入泡好的百合，放入食盐出锅即成。

温馨提示 >>

正常的百合为白色微黄，过白的百合可能是经过熏制的最好不选。

营养盘点 >>

百合和牛肉的含锌量都很高，牛肉中还含有丰富的蛋白质和铁元素，锌与蛋白质均可以促进细胞的生长发育，为宝宝的健康成长添砖加瓦。

洋葱炒猪肝

[材料] 洋葱、猪肝、泡姜（泡菜里的姜）、食用油、水淀粉、食盐。

[制作方法]

1. 洋葱洗净切成丝，泡姜切丝。
2. 猪肝用盐水泡 10 分钟，再切成薄片拌入水淀粉。
3. 将油放入锅内热后投入猪肝和泡姜丝，大火爆炒，再下入洋葱丝、食盐出锅即成。

营养盘点 >>

洋葱因其特殊营养价值近年来成为食物中的宠儿，它能降糖助消化、抑菌防腐、预防感冒，是具有保健效果的食材，其锌含量也高于一般的叶菜。动物的内脏都是补锌的佳品，每 100g 猪肝中含锌高达 5 ~ 6mg，洋葱中的挥发成分又可去除猪肝中的腥味，洋葱猪肝可称得上是菜肴中的“黄金搭档”。

温馨提示 >>

炒猪肝要掌握好火候，火候不够猪肝不熟，火候过头了猪肝太老影响口感。而且猪肝中胆固醇含量很高，作为菜肴每周至多一次即可。

香椿炒虾仁

[材料] 香椿、虾仁、食用油、水淀粉、香油、花椒、食盐。

[制作方法]

1. 香椿洗净切成段。
2. 虾仁洗净并剖开脊背洗去肠泥，拌入水淀粉和香油。
3. 将油放入锅内，油热后下花椒稍炸一下。
4. 倒入虾仁大火爆炒，再下入香椿段大火炒至断生，加食盐即可出锅。

营养盘点 >>

香椿是一种野生绿色蔬菜，它的蛋白质、维生素和钙、磷、锌含量都较高，有清热解毒、增强人体免疫力之功效。虾仁也是营养价值极高的水产食材，含有丰富的优质蛋白和丰富的钙、铁、锌、硒等矿物质和微量元素，虾仁肉质极嫩，是宝宝补充营养的常用食品。

温馨提示 >>

香椿为发物，生病期间的宝宝最好不要食用。

牡蛎紫菜蛋花汤

[材料] 牡蛎、紫菜、鸡蛋黄、食用油、姜丝、葱花、料酒、胡椒粉、食盐。

[制作方法]

1. 牡蛎洗净切成小片放入盘内，倒入料酒码 10 分钟。
2. 紫菜用水泡好，鸡蛋黄打散。
3. 上锅注入清水放入蒸架，然后放入码好的牡蛎蒸 20 ~ 30 分钟，关火端出待用。
4. 上锅放入食用油，待油热后投入姜丝炒香，再倒入紫菜（和水一起倒进锅内，如果水少了可再加点）大火烧开。
5. 倒入蒸好的牡蛎鸡蛋黄，放入胡椒粉、食盐、撒入葱花即可。

营养盘点 >>

牡蛎富含蛋白质、钾、磷、锌、铁、铜、硒，还含有丰富的亚麻酸和亚油酸等营养成分，具有养血补五脏、活血之功效，是极好的滋补强壮营养食品。

温馨提示 >>

1. 选购牡蛎时注意，鲜的牡蛎肉呈青白色，质地柔软细腻。2. 患慢性皮肤病以及脾胃虚寒、慢性腹泻便溏者不宜多食牡蛎。

四 其他营养素缺乏的食疗方法

 婴幼儿缺镁如何食补 

镁是人体新陈代谢必不可少的元素，是多种酶的激活剂，对机体的作用相当大。镁可以维护中枢神经的功能，抑制神经肌肉的兴奋性，作为人体所需的常量元素，镁缺乏对身体的影响非常大。

镁主要存在于蔬菜、谷类和干果中，尤其以谷麦的皮含量最高。长期以来，我国人民以谷类等粗粮食物为主，因此长期以来人们普遍认为中国人是不缺镁的。但是近年来人们对于谷类食物的摄取大大降低，而且只吃精米精面，镁缺乏症慢慢浮出水面，成为近年来营养学家活跃的研究领域。

镁缺乏会引起哪些症状呢？首先是食量减少，然后发展到虚弱水肿、神经肌肉过度兴奋、心跳无节律。长期补钙不见效果者，应该考虑是否是缺镁所致，钙镁相互作用又相互牵制，互相对抗对方的吸收，补钙过多影响镁的吸收，补镁过多影响钙的吸收。所以，均衡营养要从婴幼儿抓起，中国居民膳食指南第一条就指出：食物多样，谷类为主。

就婴儿来说，尽可能用母乳喂养，母乳含有婴儿所有需要的营养素。稍大的孩子如果进食较少，则需要特别地补充高镁食物。

炒猫耳朵

[材料] 莜麦面、小麦面、香菇、甜椒（红黄色各半个）、青椒、食用油、食盐、生抽、姜末。

[制作方法]

1. 小麦面粉与莜麦面加热水揉成面团，发酵 30 分钟。
2. 香菇、甜椒、青椒分别切成粒备用。
3. 将面团擀成面片，再切成 1cm 左右长的小块。
4. 将小块面放在寿司帘上，或其他能压出花痕的平面上。
5. 用大拇指压小面块，压的时候向两边推，运用大拇指的表面做成“莜面猫耳朵”。
6. 将压好的猫耳朵放入水中煮熟，捞起后过凉水。
7. 锅中放油，待油热后将姜末、青椒粒、甜椒粒和香菇粒下锅爆炒，再加入猫耳朵继续翻炒至熟，然后加食盐倒点生抽即可出锅。

营养盘点 >>

每 100g 莜麦中约含有 146mg 镁，在镁缺乏的时候可以用做补镁食疗方。

温馨提示 >>

1. 虽然粗粮中含有丰富的镁和其他常量和微量元素，但是我们强调不放弃粗粮的同时，要注意婴幼儿对营养素的需求量非常高，而他们胃容量又很小，粗粮中的营养素不集中，因此幼儿的日常主食不能以粗粮为主，只能以粗粮为辅，每周补充 1 ~ 2 次粗粮即可满足宝宝对这些无机盐和 B 族维生素的需要了。2. 煮猫耳朵的水可用来烧汤或当开水喝，可最大程度地留住营养物质。

 缺乏维生素A怎么办 

我们常说的维生素 A，实际上是指视黄醇。视黄醇，顾名思义是保护我们的眼睛的营养素。维生素 A 缺乏时会造成适应力下降、夜盲和干眼病。维生素 A 还能维持上皮组织的正常生长与分化，缺乏维生素 A 的人皮肤往往干燥且粗糙，也会因为上皮组织受损失去对病菌的屏障能力，让人时常感染消化道和呼吸道疾病。维生素 A 还参与造血，缺乏维生素 A 还能引起幼儿贫血和发育不良。

维生素 A 一般都存在于动物性食物中，植物中一般不含维生素 A。但是很多黄色植物中含有胡萝卜素和 β－胡萝卜素，它们在人体内会转化成维生素 A，因此 β－胡萝卜素也被称为维生素 A 原，多食用含有 β－胡萝卜素的植物性食物，同样有补充维生素 A 的作用。

甜椒爆猪肝

[材料] 甜椒、猪肝、食用油、蒜片、姜丝、料酒、水淀粉、食盐。

[制作方法]

1. 甜椒洗净切成丝。
2. 猪肝洗净切片并拌入料酒和水淀粉。
3. 锅中放油，油热后下入猪肝片大火爆炒。
4. 下入姜丝、蒜片和甜椒丝炒至断生，再放入食盐出锅即成。

营养盘点 >>

猪肝中的维生素 A 含量极高，同时锌、铁、铜含量也非常高，是一道非常适合孩子吃的食物。甜椒鲜艳的色彩和清爽的口感，也可促进宝贝的食欲。

吃得太精，容易缺乏B族维生素

B族维生素是一个大家族，包括维生素 B_1、维生素 B_2、维生素 B_6、维生素 B_{12}、烟酸、泛酸、叶酸等，我们体内的能量转换、细胞功能维持和新陈代谢都与B族维生素有关系。

B族维生素都是水溶性的营养素，而且多余的维生素不会在体内储存，会完全排除体外，因此B族维生素必须时常补充，各种B族维生素之间也是互相促进相辅相成的，必须同时补充才能充分发挥其各自的独特作用。

维生素 B_1 一般存在于谷类食物中，又以粗粮中含量最高。现代人常吃精米精面，因此维生素 B_1 缺乏非常普遍，对于食物“精益求精”的婴幼儿更容易缺乏。

维生素 B_2 和维生素 B_6、维生素 B_{12}、烟酸、泛酸和叶酸通常存在于动物性食物、奶类和干果之中，所以，补充B族维生素不能单一选择某一种食物。

奶香麦片粥

[材料] 麦片、牛奶、鸡蛋黄。

[制作方法]

将天然麦片煮烂，加入鸡蛋黄和牛奶搅匀即可。

营养盘点 >>

麦片中含有丰富的维生素 B_1，牛奶和鸡蛋黄中则含有B族维生素的其他成员：硫胺素、尼克酸、泛酸、叶酸等，奶香麦片粥对于B族维生素的补充基本上可以做到不偏不倚。

温馨提示 >>

市场上的麦片有很多种，一定要选择天然的麦片，还能看得到麦粒的基本形状的那种，未做精细加工的麦片中的维生素 B_1 含量才高。

第5章

婴幼儿常见疾病的膳食调理

一 小儿腹泻食物理疗

二 宝宝咳嗽食疗偏方

三 润肠食谱防止便秘

四 婴儿湿疹如何食疗

五 小胖墩吃成小健将

小儿腹泻食物理疗

婴幼儿的脏腑娇弱，不易承受寒来暑往的气候变化，加之饮食不当、饮食不洁都可能导致小儿腹泻。在我国，小儿腹泻是仅次于小儿呼吸道感染的第 2 位常见多发病。

小儿腹泻应该调整饮食结构，注意饮食要忌生冷、忌辛辣、忌滑肠食物、忌粗纤维食物、忌高油脂高蛋白食物，要给宝宝喂食容易消化的食物。为了减轻肠胃负担，还应该少食多餐，腹泻严重还需要补充淡盐水，轻度腹泻则可以通过一些食物进行理疗。

八宝粥

[材料] 茯苓、太子参、白术、扁豆、芡实、山药、莲肉、炒薏苡仁、糯米。

[制作方法]

茯苓、太子参、白术、扁豆加水煎汤，去渣取汁，加芡实、山药、莲肉、炒薏苡仁、糯米，煮成粥给宝宝食用。

原理分析 >>

茯苓被古人称为“四时神药”，它能益脾和胃，增强机体免疫功能。山药健脾益气，可治疗消化不良和大便稀溏。

山楂粥

[材料] 山楂、粳米、白糖。

[制作方法]

将山楂加水煎煮半小时去渣，加粳米煮成粥即可。若宝宝不喜欢山楂水的味道，可加适量白糖。

原理分析 >>

山楂健脾和胃，山楂粥适用于因消化不良引起的腹泻患儿。

莲子山药泥

[材料] 莲子、山药、白糖。

[制作方法]

莲子碾成末煎水，山药去皮切块，加入莲子汤中煮熟并压成泥，再加入少量白糖即可给宝宝食用。

原理分析 >>

莲子性平、味甘，有补脾止泻之功效，山药也有补脾益气的功效，莲子山药羹作为宝宝腹泻的食疗补助，可帮助患儿早日康复。

栗子糊

[材料] 生栗子、白糖。

[制作方法]

将生栗子去壳，将栗子果肉放入蒜泥缸内捣成碎末，再加水适量煮成糊状，拌入少量白糖给宝宝喂食。

栗子性温，味甘平，入脾、胃、肾经，可养胃健脾和治疗泄泻痢疾，尤其对小儿秋季腹泻有很好的疗效。

马齿苋粥

[材料] 马齿苋、粳米。

[制作方法]

将马齿苋洗净切碎，粳米加水煮粥，粥熟后放马齿苋煮熟即可。

原理分析 >>

马齿苋中的乙醇提取物对大肠埃希菌、变形杆菌和痢疾杆菌有高度的抑制作用，对金黄色葡萄球菌、真菌如奥杜盎小芽孢癣菌和结核杆菌也有不同程度的抑制作用。

牛奶米汤

[材料] 鲜奶、浓米汤。

[制作方法]

将鲜奶与浓米汤混合，每隔 5 分钟给宝宝喂一次，一次 1 ~ 2 勺。

原理分析 >>

久治不愈的腹泻宝宝，消化功能非常虚弱，因此喂食米汤这种极度容易消化的食物，并采用少食多餐的方法，可迅速缓解宝宝腹泻的状况。米汤中含有淀粉，牛奶中含乳糖和蔗糖，也可以适当为宝宝补充营养。

宝宝咳嗽食疗偏方

萝卜甘蔗饮

[材料] 白萝卜、生姜、红枣、甘蔗、冰糖。

[制作方法]

将白萝卜、生姜、红枣、甘蔗和冰糖加水适量煮沸约 30 分钟然后去渣，待冷却至温热服下，每日 1 ~ 2 次。

功效主治 >>

萝卜和甘蔗性凉味甜，能清热生津、凉血止血、化痰止咳。生姜可以驱散风寒，红枣和胃养血，冰糖亦可润肺止燥，因此本饮品可以治疗伤风咳嗽以及风寒感冒咳嗽。

温馨提示 >>

久治不愈或反复风寒感冒咳嗽可以运用此方，但风热咳嗽见发热痰黄者不宜选用。

醋饮

[材料] 白醋适量。

[制作方法]

将醋烧沸放凉后备用，每次服 1 小匙，慢慢咽之，日咽数次。

功效主治 >>

醋味酸、性平，有散瘀解毒和消肿的功用。用于治咽炎咳嗽，取其消除咽痒的功效。

温馨提示 >>

此法有时可收到意想不到的功效，但对脾虚湿盛、有骨关节病痛者不宜。病愈即止，多食会损齿伤胃。

荸荠百合蜜

[材料] 荸荠、百合、蜂蜜。

[制作方法]

将荸荠、百合与蜂蜜拌匀，入锅隔水蒸熟，让宝宝随时食用。

功效主治 >>

荸荠味甘、性微寒，能清热生津、凉血解毒、化痰消积。百合味甘、微苦、性微寒，有润肺止咳、清心安神作用。荸荠、百合与蜂蜜同用，加强其润肺止咳作用。本品还可以治疗婴儿慢性支气管炎、入秋之后的咽干燥咳和便秘。这不仅是婴幼儿的一道咳嗽食疗方，更是一道甜蜜的零食。

温馨提示 >>

本品适宜秋冬食用，但脾虚便溏婴幼儿不宜选用。

葱白紫苏粥

[材料] 葱白、紫苏叶、生姜、红枣、大米。

[制作方法]

先用大米加姜片和红枣煮粥，在粥即将要熟的时候放入紫苏叶和葱白即可。

功效主治 >>

宣肺散寒止咳。

温馨提示 >>

葱白紫苏粥宜用于风寒咳嗽。

川贝蒸雪梨

[材料] 雪梨、川贝粉、冰糖、花椒。

[制作方法]

将雪梨挖去核，切成 0.5cm 的粒，将川贝粉、冰糖粒、花椒和在一起，放入碗中，再盖上 1 个碗，上蒸锅蒸 15 分钟即可食用。

温馨提示 >>

本方性味平和，对久咳体弱儿适用，有外感者不宜用，川贝粉选用药用川贝为佳。

在临床上，咳嗽分为感冒之后的“外感咳嗽”和“内伤咳嗽”，除了药物治疗以及上述的食疗偏方，也可利用以下药膳进行辅助治疗。

功效主治 >>

雪梨和冰糖均有润肺之功效，川贝为化痰止咳良药，花椒温中散寒、除湿止痛，这几种食材并用，则起化痰止咳、润肺养阴功效，可治疗久咳不愈、痰多、咽干及气短乏力。

蜜藕梨汁饮

[材料] 鲜藕、雪梨、蜂蜜。

[制作方法]

鲜藕和雪梨榨汁，加入蜂蜜生服饮用。

温馨提示 >>

此方宜用于风热感冒之用。

功效主治 >>

莲藕具有清热解毒、宣肺止咳的功效，加入雪梨与蜂蜜止咳效果更好。

橘皮薏苡仁粥

[材料] 橘皮、大米、薏苡仁。

[制作方法]

将橘皮、大米、薏仁共同熬制成粥。

温馨提示 >>

此方宜用于痰多咳嗽之用。

功效主治 >>

薏苡仁可健脾益胃、补肺清热、祛风胜湿，橘皮也具有止咳化痰提神的功效。熬粥的时候加入薏苡仁和橘皮，可健脾胃、清热止咳。

陈皮粥

[材料] 陈皮、半夏、茯苓、薏苡仁、冬瓜仁、粳米。

[制作方法]

将陈皮、半夏、茯苓、薏苡仁、冬瓜仁煎水，煮沸后加入粳米煮粥。

温馨提示 >>

此方宜用于痰多咳嗽之用。

功效主治 >>

陈皮与半夏均可燥湿化痰，茯苓性味甘淡平，入心、肺、脾经，可治痰饮咳逆、呕逆。

三 润肠食谱防止便秘

小儿便秘是一种常见病，多是因为饮食不当造成的。原因有三点，首先是膳食过精，缺乏必要的膳食纤维，肠胃蠕动力减弱。第二是宝宝吃了过多的油脂和蛋白质造成的消化不良。第三是宝宝吃得过少，消化后的残渣少。

便秘对孩子的身体伤害很大，因为食物消化吸收后的废物不能及时排除体外，在大肠中粪便中的水分会再次被吸收，包括粪便中的一些毒素也会被大肠再次“回收”回去，毒素停留在体内，会给孩子带来很多疾病。

如果宝宝大便十分费力，可以让宝宝加强锻炼，以增强腹肌的力量有利于排便，同时在饮食上要做一些必要的调理。

胡萝卜沙拉

[材料] 胡萝卜、酸奶。

[制作方法]

1. 将胡萝卜洗净去皮切成小块，上锅蒸熟。
2. 将酸奶与胡萝卜倒在一起搅匀即成。

营养盘点 >>

胡萝卜中含有丰富的膳食纤维和挥发油，有可促进肠胃蠕动和杀菌的功效。酸奶中的有益菌可帮助宝宝消化食物，这道小小的胡萝卜沙拉就成为了改良肠胃能力、防止便秘的良方。

温馨提示 >>

不喜欢胡萝卜的宝宝，可将蒸熟的胡萝卜压成泥，加点白糖后与酸奶混合。

芝麻香蕉粥

[材料] 黑芝麻、香蕉、大米、白糖适量。

[制作方法]

1. 黑芝麻炒熟后研碎，香蕉压成泥。
2. 大米洗净后加水煮成粥。
3. 粥熟后加黑芝麻粉和香蕉泥继续煮几分钟，拌上白糖搅匀即可。

温馨提示 >>

煮粥期间，在加香蕉和芝麻后要不停搅拌以免煳锅，香蕉最好选择比较青一点的，含抗性淀粉更高。

营养盘点 >>

黑芝麻和香蕉均有通便的功效，黑芝麻含有大量的膳食纤维，可以促进新陈代谢，香蕉中含有抗性淀粉（膳食纤维的一种），也是帮助润肠通便的常用水果。

凉拌蕨菜

[材料] 蕨菜、香油、红油、食盐、醋、白糖、蒜泥、酱油。

[制作方法]

1. 蕨菜洗净，摘去老根。
2. 将摘好的蕨菜焯水，在凉水中过一下，滤出切段。
3. 加入香油、红油、食盐、醋、白糖、蒜泥、酱油凉拌装盘。

温馨提示 >>

不喜欢吃凉菜的宝宝可以改为清炒蕨菜。

营养盘点 >>

蕨菜营养丰富，含有丰富的维生素和矿物质，它丰富的粗纤维可有效促进肠道蠕动，缓解便秘。

三丝菠菜

[材料] 菠菜、鸡蛋、笋丝、香菇、食盐、白糖、红椒、味精、葱、姜、食用油。

[制作方法]

1. 鸡蛋打成蛋液备用。
2. 菠菜清洗干净从中间断开（约 10cm 的段）。
3. 红椒清洗去蒂切 0.5cm×3cm 的条备用。
4. 锅放底油，炒熟鸡蛋后出锅备用。
5. 锅放水，烧开后焯熟菠菜和红椒出锅控水备用（烫一下即可，不可时间过长）。
6. 锅放底油煸香葱、姜，下入菠菜段、红椒条、鸡蛋、笋丝、香菇翻炒几下，烹入食盐、白糖、味精翻炒均匀出锅即可。

营养盘点 >>

菠菜具有滋阴润燥、疏肝活血的作用，可帮助人体排毒，对治疗口臭和大便干燥有很好的帮助。胡萝卜中含有挥发油，宝宝多吃可增强肠胃功能，防止便秘。

温馨提示 >>

菠菜含有大量的草酸，草酸与钙质结合易形成不被吸收的草酸钙，做菠菜时先将菠菜用开水烫一下，可除去 80% 的草酸。

四 婴儿湿疹如何食疗

荸荠苡仁饮

[材料] 薏苡仁、荸荠、冰糖。

[制作方法]

薏苡仁泡发2小时滤干后再加清水，同荸荠和冰糖共同熬制1小时即可。

原理分析 >>

薏苡仁和荸荠都有清热利湿和健脾和中的作用，因此非常适宜于湿疹患儿。

温馨提示 >>

1岁以下的孩子可取汤汁喂食，2～3岁的孩子可连渣吃下效果更佳。很多人觉得荸荠生吃更清爽，但荸荠生长在泥土里，容易感染细菌和寄生虫，因此最好煮熟再吃。

鸡蛋炒豆苗

[材料] 黑豆苗、鸡蛋、木耳、胡萝卜、食盐、味精、香油、葱、蒜、食用油。

[制作方法]

1. 黑豆苗摘洗干净控水备用。
2. 鸡蛋打成蛋液备用。
3. 木耳冷水泡发后切 0.3cm × 5cm 的丝备用。
4. 胡萝卜去皮洗净切 0.3cm × 0.3cm × 5cm 的丝备用。
5. 锅内放水，待水烧开后下入黑豆苗、木耳丝、胡萝卜丝，至八分熟倒出控水备用。
6. 锅内放少许底油炒熟鸡蛋。
7. 锅内放少许底油爆香葱、蒜，再下入黑豆苗、木耳丝、胡萝卜丝、鸡蛋翻炒均匀，下入食盐、味精和适当的水，翻炒均匀出锅淋上香油即可。

原理分析 >>

黑豆有“药王”之称，用它生产的芽苗自然也具有一定的药用价值，黑豆苗含有丰富的蛋白质及碳水化合物，富含铁、钙、磷及胡萝卜素，其性微凉味甘，有活血利尿、清热消肿、补肝明目之功效。在夏季，尤其是气候湿热、易上火的地区称得上养生佳肴。

温馨提示 >>

挑选时应选择根须白净漂亮，黑豆外观必须子粒饱满没有碎烂破粒的，纤细青白的嫩茎上生着肥圆翠绿的叶苞，而且要用当年采收的黑豆，营养价值才最高。

韭菜泥（外敷）

[材料] 韭菜。

[制作方法]

将韭菜洗净切碎，放入容器中捣烂，将韭菜泥外敷在湿疹患处。

原理分析 >>

韭菜有解毒祛湿的功效，其所含有的硫化合物有一定杀菌消炎的作用，可有效地抑制绿脓杆菌、痢疾、伤寒、大肠杆菌和金黄色葡萄菌，对婴幼儿湿疹有非常好的消炎止痒作用。

温馨提示 >>

韭菜外敷内用均有疗效，亦可用韭菜制作菜肴给湿疹患儿食用。

五 小胖墩吃成小健将

长期以来，人们对孩子的发育评价标准就是“胖”，但是近些年来越来越多的孩子体重超标，儿童肥胖对孩子的成长危害非常大，不仅影响心肺功能，还对行为以及心理各方面产生不良影响。

儿童肥胖的重要原因是饮食不当引起的，很多父母为了让孩子多吃一点而威逼利诱，食物也讲求“精益求精”，零食也毫无限制，小胖墩就这样吃出来了。

为了防止儿童肥胖，除了要控制热量，还要注意做到食物多样和营养均衡。

凉拌海蜇丝

[材料] 海蜇、黄瓜、白糖、香油、香醋、食盐。

[制作方法]

1. 将海蜇泡发 24 小时，洗净并切丝。
2. 将海蜇丝放入热水中稍微烫一下，捞出在凉水中发泡。
3. 将黄瓜切片并均匀摆到盘底，做出花纹装饰。
4. 将海蜇丝加食盐、白糖、醋和香油拌匀，倒在黄瓜片上。

营养盘点 >>

海蜇丝和黄瓜均属于低热食物，尤其是黄瓜热量极低，常用来做瘦身之用。海蜇的蛋白质和无机盐含量较高，营养丰富且口感清脆，外观洁白透亮，好吃不长胖。

温馨提示 >>

海蜇中含有较高的碘，凉拌海蜇丝可用无碘盐，以防碘摄入过量。

绿豆芽炒韭菜

[材料] 自发绿豆芽、韭菜、食用油、食盐。

[制作方法]

1. 绿豆加水浸泡2天左右，见芽出口了便装入筛子中(可过滤的容器都可）盖上纱布。将筛子放在小盆中，让筛子底部悬空。
2. 每日为绿豆芽浇水2～3次，一般3～5天即可收获新鲜豆芽。
3. 韭菜洗净切段。
4. 将新鲜豆芽清洗干净，上油锅与韭菜段一起爆炒2分钟，加食盐即可出锅。

营养盘点 >>

绿豆的营养价值非常高，它的蛋白质、脂肪和各类矿物质含量都非常丰富，最重要的是绿豆在发芽的过程中，将蛋白质直接分解成可直接被人体吸收的游离氨基酸，同时绿豆芽和韭菜都含有丰富的纤维素，可增加胖宝宝的饱腹感，避免食量过大。

温馨提示 >>

如果觉得发绿豆芽麻烦，可购买豆芽机发或到市场购买，但是市场中很多豆芽都是经过无根豆芽素和漂白剂处理过的无根豆芽，虽然豆芽白白胖胖卖相很好，但其中的二氧化硫和亚硝酸盐对人体的伤害很大，可诱发细胞癌变。

五彩冬瓜汤

[材料] 冬瓜、火腿肠、木耳、口蘑、冬笋尖、黄瓜、葱花、姜片、鸡汤。

[制作方法]

1. 将冬瓜切丁，木耳切成末，黄瓜、火腿肠、冬笋尖、口蘑切片。
2. 把葱花及黄瓜以外的所有原料一起放入炖盅，加鸡汤顿至冬瓜酥烂，起锅前加入黄瓜片，撒上葱花即可。

温馨提示 >>

五彩冬瓜汤热量较低，非常适合胖宝宝减重之用。

营养盘点 >>

中医理论中说过五色入五脏，因此本道菜肴中的五色，分别对五脏均有补益作用。木耳被誉为素中之荤，含铁量极高，是补铁的佳品。口蘑能提高人体免疫力，同时提供多种氨基酸，黄瓜中的维生素含量极高。

五谷粥

[材料] 粳米、玉米碴、小米、燕麦片、大豆。

[制作方法]

1. 大豆打成大豆粉。
2. 粳米和玉米碴加水熬粥。
3. 粥八分熟时加燕麦片、小米和大豆粉熬熟即可。

温馨提示 >>

对于肥胖宝宝，我们煮粥就不要按常规给孩子加糖，如果加糖就会增加热量，“瘦身食谱”就达不到瘦身的目的。

谷类物质不仅热量低而且营养丰富，又含大量膳食纤维，能润肠通便、降血脂和减肥，尤其适合现在的小胖墩。

第6章

四季吃法小妙招

一 春季常见病症及防治食谱

二 夏季养胃及营养补充

三 秋季疾病的防治

四 抗寒食谱帮助宝宝健康过冬

春季常见病症及防治食谱

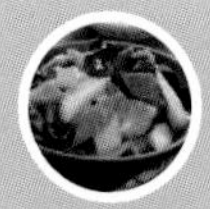

对感冒说"NO"

春天天气忽冷忽热，宝宝很容易受到感冒的侵扰。于是增强宝宝的抵抗力，有效抗击感冒病毒就提上了议事日程，要想增强体质，除了必要的锻炼，饮食调理也是一个非常重要的因素。

宝宝感冒时消化吸收能力降低，孩子会表现得食欲不振，同时，反复感冒造成的不舒服也会让孩子的情绪变得低落、烦躁、娇气。感冒病菌会对幼儿的脏器造成伤害，鼻塞会造成大脑缺氧，咳嗽伤及肺脏。所以，增强孩子的体质，提高孩子的免疫力是预防感冒的最好方式。

感冒期间除了要注意营养平衡，还要注意食用容易消化的食物，多摄入维生素 A 和维生素 C、维生素 E 含量高的食物，以增强抗氧化能力抵御感冒病毒。

洋葱炒火腿

[材料] 洋葱、火腿、食用油、食盐。

[制作方法]

1. 洋葱洗净切成丝。
2. 火腿切成丝。
3. 将油放入锅内，热后下入火腿丝爆炒。
4. 放入洋葱丝和食盐稍炒 1 分钟出锅。

营养盘点 >>

洋葱不仅是大家常用的蔬菜，也具有药用功能，可降压、降脂、降糖，洋葱中含有大量具有抗氧化功能的硒可杀灭病菌，有效地抗击感冒病毒的感染。感冒期间吃洋葱，可加快感冒的痊愈。

肉片杏鲍菇

[材料] 杏鲍菇、猪肉、胡萝卜、木耳、食盐、酱油、味精、蚝油、料酒、葱、姜、食用油、调味汁。

[制作方法]

1. 猪肉切片上浆备用。
2. 杏鲍菇清洗后从中间破开，切斜刀片备用。
3. 胡萝卜去皮清洗后切菱形片。
4. 木耳泡发后掰 2~3cm 的朵片。
5. 锅放油将肉片滑油后捞出控油备用。
6. 锅放水烧开后分别将杏鲍菇片、胡萝卜片、木耳片焯水后控水备用。
7. 锅放底油煸香葱、姜，下入调味汁待之黏稠后下入猪肉片、杏鲍菇片、胡萝卜片、木耳片翻炒均匀，再淋入蚝油、酱油、料酒，最后撒上味精和食盐出锅即可。

营养盘点 >>

杏鲍菇营养丰富，富含蛋白质、碳水化合物、维生素及钙、镁、铜、锌等矿物质，可以提高宝宝的抵抗能力。

温馨提示 >>

杏鲍菇肉质肥嫩，适合炒、烧、烩、炖、做汤及火锅用料，亦适宜西餐，即使做凉拌菜口感都非常好，加工后口感脆、韧，呈白至奶黄色，外观也很好看。

双耳芹菜

[材料] 银耳、木耳、芹菜、枸杞子、食盐、味精、料酒、葱、姜、食用油。

[制作方法]

1. 银耳、木耳温水泡发4小时后掰成2~3cm的朵备用。
2. 芹菜去根摘洗干净后切边长2cm的菱形块备用。
3. 枸杞子泡发备用。
4. 锅放水，烧开下入芹菜块焯熟出锅控水备用，再下入银耳、木耳和枸杞子焯水出锅控水备用。
5. 锅放底油下入芹菜煸炒时放入调味料，再放入银耳、木耳、枸杞子，翻炒均匀出锅即可。

营养盘点 >>

银耳的营养成分相当丰富，在银耳中含有蛋白质、脂肪和多种氨基酸、矿物质及肝糖。银耳蛋白质中含有17种氨基酸，人体所必需的氨基酸中的3/4银耳都能提供。银耳还含有多种矿物质，其中钙、铁的含量很高，在每100g银耳中，约含钙643mg、铁30.4mg。此外，银耳中还含有海藻糖、多缩戊糖、甘露糖醇等，具有扶正强身的作用。

温馨提示 >>

新鲜木耳中含有光敏性物质，人吃了新鲜木耳后，经阳光照射会发生植物日光性皮炎，引起皮肤瘙痒，相比起来，干木耳经过暴晒后光敏性物质分解，食用更加安全。

春季防过敏这样吃

春季百草回春，百花绽放，呈现一派欣欣向荣的景象。但是我们不容忽视的是春季也是百病易发的季节，每年3～5月份，是荨麻疹、桃花癣、过敏性鼻炎、结膜炎等过敏性疾病的多发季节，家长要注意预防宝宝春季防过敏的问题。

早春气温仍然很低，但是很多人迫不及待地脱去厚厚的冬装，热量的消耗非常大，因此早春应该仍以高热食物为主，要多吃高蛋白类食物，因为丰富的氨基酸可增强人体耐寒能力。此外，要摄取足够的多种维生素和矿物质，如维生素 D 具有抗病毒能力，而维生素 A、维生素 E 则可以保护和增强上呼吸道黏膜和呼吸道上皮细胞的功能，从而能抵抗各种致病因素的侵袭。维生素 E 具有提高人体免疫力功能、增强抗病能力的作用。

百菇排骨汤

[材料] 口蘑、香菇、金针菇、排骨、玉米、藕、姜片、食盐。

[制作方法]

1. 口蘑切片，香菇切片，排骨洗净，玉米切段，藕切块。
2. 砂锅中加清水，放排骨、藕块、姜片，大火烧开后改文火炖 1 小时。
3. 锅中放入玉米段、口蘑片、香菇片和金针菇继续炖 15 分钟，加食盐即可出锅。

营养盘点 >>

排骨中含有丰富的蛋白质和矿物质，同时也是补钙佳品。玉米中有丰富的维生素 A 原（β－胡萝卜素）和维生素 E。藕中的维生素 C 含量非常高，同时含有丰富淀粉。菌类物质都能增强人体免疫力，百菇排骨汤营养丰富，是春季非常好的防过敏大餐。

温馨提示 >>

1. 蘑菇的种类很多，可以根据口味调换。2. 如果宝宝能适应一定的辣味，可在汤中加点干辣椒和花椒，增加维生素 C 的含量。

青椒烧毛豆

[材料] 青椒、毛豆粒、蒜末、姜末、食用油。

[制作方法]

1. 青椒洗净切 0.5cm 的小粒，毛豆粒洗净控干水。
2. 锅中放油，油热后放姜末煸香，再放入毛豆粒爆炒 5 分钟。
3. 放青椒粒继续煸炒，最后放蒜末炒半分钟即可出锅。

营养盘点 >>

这是一道维生素大餐，每 100g 青椒中含 62mg 维生素 C，每 100g 毛豆中约含维生素 C27mg、维生素 E 近 5mg。维生素 C 和维生素 E 均有抗氧化作用，毛豆还含有丰富的植物蛋白、矿物质、维生素 A、胡萝卜素和 B 族维生素，对过敏有很好的预防作用。

温馨提示 >>

青椒烧毛豆口感醇香，毛豆所含营养素非常全面，营养价值极高，同时颗粒大小适中食用方便，可以常给宝宝食用。

兴奋的春季，预防B族维生素缺乏症

在沉闷了一个冬季之后，春光的明媚让人们豁然舒展，春季宝宝的神经处于极度兴奋的状态，因此对B族维生素的需求量非常大。B族维生素称为神经维生素，在人们用脑过多或思虑过多的时候都需要补充足够的B族维生素。春季天气暖和，随着宝宝的户外活动增加，他们对能量的需求也随之变大，而B族维生素参与了糖、蛋白质和脂肪三大产热营养素的代谢，同时B族维生素为水溶性，很容易流失，因此B族维生素对于春季的宝宝来说尤其需要大量补充。

香菇炒肉丝

[材料] 干香菇、猪瘦肉、香菜、食用油、香油、蒜末、食盐、水淀粉。

[制作方法]

1. 干香菇用温水泡1～2小时洗净切丝，香菜洗净切段。
2. 猪瘦肉洗净切丝，放入盘内加入水淀粉、食盐、香油上浆。
3. 用热锅温油将瘦肉丝滑开捞出。
4. 将油放入锅内，油热后下入香菇段和蒜末大火爆炒几下。
5. 放入肉丝大火爆炒半分钟，加香菜段和食盐即可出锅。

营养盘点 >>

香菇含丰富的B族维生素，其中烟酸含量非常高，对于春季皮肤病的预防有很好的作用。猪肉中的B族维生素含量也很高，因此香菇炒肉丝是一道B族维生素含量非常高的菜肴。

鸭血焖黄豆芽

[材料] 黄豆芽、鸭血、食用油、花椒粉、葱蒜姜末、食盐、水淀粉。

[制作方法]

1. 黄豆芽洗净切成段，鸭血用刀切成小方块。
2. 锅内注入清水，大火烧开投入鸭血，改小火焖至变色。
3. 将焖锅的鸭血块捞起，倒入冷水中浸泡 2 分钟后过滤出水分。
4. 将油倒入锅内，油热后投入蒜姜末煸香，并投入鸭血块、黄豆芽段。
5. 注入清水（以浸过豆芽为宜），开旺火，锅中加入少许花椒粉和食盐。
6. 水快收干时用水淀粉勾芡，撒上葱末即可出锅。

营养盘点 >>

黄豆芽“冰肌玉质”，在发芽的过程中更多的营养素被释放出来，营养比黄豆及制品更丰富，除了蛋白质还含有丰富的维生素 C 和维生素 B_2，春天是维生素 B_2 缺乏的高发季节（维生素 B_2 缺乏容易造成溃疡，俗称“上火”），因此可以通过多吃黄豆芽补充维生素 B_2。鸭血含铁量非常高，尤其是母麻鸭血中铁含量为禽类食物之冠，其他矿物质含量也非常丰富。

温馨提示 >>

黄豆芽和鸭血性寒，在腹泻时不宜食用。

补钙正当季

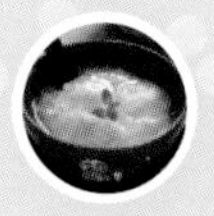

“一年之计在于春”，春天是宝宝生长速度最快的季节，骨骼的迅速生长需要更多的钙质，因此春天给宝宝补钙显得尤为重要。给孩子补钙最好是采用食补，安全无副作用，补钙的同时还能补充其他营养素。

干烧基围虾

[材料] 基围虾、食用油、料酒、姜蒜末、料酒、食盐。

[制作方法]

1. 将基围虾洗净去壳切成小颗粒。
2. 锅中放油，油热后放入姜蒜末炒香。
3. 投入虾大火急炒，放入料酒、食盐出锅即成。

营养盘点 >>

基围虾壳薄肉嫩，既无骨刺又无鱼腥味，是孩子最喜欢的食物。每 100g 基围虾中约含钙 83mg，同时基围虾中蛋白质、矿物质和微量元素含量也非常高。

温馨提示 >>

基围虾为发物，生病的孩子最好不吃。首次给孩子吃可以试着少吃一些，确认不过敏后可正常食用。

醪糟鸽子蛋

[材料] 鸽子蛋、醪糟、白糖。

[制作方法]

1. 锅中加水烧开，鸽子蛋磕到碗里。
2. 将鸽子蛋倒进沸水中，水再开后倒入醪糟。
3. 加入白糖，待水再次沸腾即可关火出锅。

营养盘点 >>

鸽子蛋的钙和铁的含量比一般的蛋类都要高，吃蛋类食品补钙首选鸽子蛋。醪糟是糯米经过发酵而成，不仅风味独特而且富含碳水化合物、蛋白质、B族维生素、矿物质等，营养丰富又易于消化。醪糟鸽子蛋颜色淡雅，气味醇香扑鼻，也能提高孩子的食欲。

温馨提示 >>

鸽子蛋中的蛋白质含量比鸡蛋要少，因此在给宝宝配食谱的时候要注意额外补充蛋白质。醪糟中含有乙醇，没煮过的醪糟最好不要给宝宝食用，以免伤害宝宝的神经系统。

二 夏季养胃及营养补充

 肠胃不适，食疗有绝招 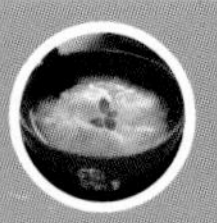

俗话说“春困秋乏夏打盹”，夏天孩子出汗较多，钾、钠随着汗液大量流失，造成人精神不振昏昏欲睡，只有及时在饮食中补充钾，才能避免宝宝夏季萎靡不振。

南瓜山药汤

[材料] 山药、枸杞子、南瓜、百合、冰糖。

[制作方法]

1. 山药去皮切块，百合泡发，南瓜切块。
2. 将山药块、南瓜块与百合放到清水中煮烂即可。
3. 汤中放入冰糖，加几粒枸杞子作为装饰即可出锅。

温馨提示 >>

如果喜欢南瓜的原味，可以不加冰糖。山药、南瓜都属温性，宝宝体内湿热过多则不宜食用。

营养盘点 >>

山药不仅健脾还具有收敛作用，可吸附肠胃中的病菌帮助排出体外。夏季宝宝饮食时常不洁，常吃山药有助于提高宝宝对病菌的抵抗力。南瓜中含有多糖、锌和维生素，同时富含果胶，对于肠胃黏膜有保护作用，跟山药一样可增强宝宝的病菌抵抗力。

 食欲不振，妈妈怎么办 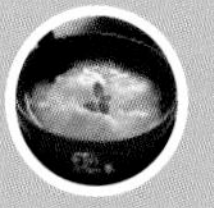

盛夏的炎热容易让孩子感到烦躁易怒，孩子喝水量急剧增加，出现唾液分泌减少、胃液被稀释、食欲不振、消化不良等症状，所以很多小朋友都有不同程度的厌食。

夏天宝宝没胃口，就需要给孩子做一些清爽开胃、补气健脾、能调理肠胃功能的菜肴了。

番茄蘑菇拌面

[材料] 湿面、番茄、鸡腿菇、姜末、蒜泥、食用油、食盐、酱油。

[制作方法]

1. 番茄去皮切粒，鸡腿菇洗净切成丝。
2. 锅中放油，油热后放入姜末煸香，再放入鸡腿菇丝炒熟，放食盐盛出待用。
3. 同样的方法将番茄炒熟，最好炒出泥状。
4. 锅里放水，水沸腾后放面煮熟，捞出过凉水然后滤干水。
5. 将炒熟的鸡腿菇丝与番茄加蒜泥、酱油与面条拌在一起即可。

营养盘点 >>

番茄不仅营养丰富，而且煮熟后会有一种清爽的酸味非常开胃。鸡腿菇外表白嫩，其色香味都堪称上乘，人体所需的8种氨基酸鸡腿菇全部都有，还含有钾、钠、钙、镁等常量元素和人体所需的微量元素。

温馨提示 >>

面条可以煮也可以蒸，根据宝宝的口味选择。

营养开胃汤

[材料] 芫荽、南豆腐、淀粉、醋、鸡蛋、葱花、猪油、黑木耳、高汤。

[制作方法]

1. 猪油煎熟，芫荽切碎，南豆腐切碎，鸡蛋搅散，木耳切碎。

2. 锅中放高汤，水开后下南豆腐末和木耳末，再倒入鸡蛋边倒边搅。

3. 勾芡之后关火，再下芫荽末、醋、猪油、葱花即可起锅装盘。

营养盘点 >>

这道开胃汤中有芡粉（碳水化合物）、猪油（脂肪）、鸡蛋和豆腐（蛋白质），营养非常全面，同时芫荽和醋都有开胃的作用，汤色清爽亮丽，相信宝宝肯定会爱上这道营养开胃汤的。

温馨提示 >>

作为开胃汤，需要大量芫荽，木耳、豆腐和鸡蛋只需少量。

橄榄菜四季豆

[材料] 四季豆、橄榄菜、胡萝卜、食盐、味精、酱油、蚝油、葱、姜、食用油。

[制作方法]

1. 四季豆摘洗干净后顶刀切成 2 ~ 3cm 的段备用。
2. 胡萝卜清洗干净，切成与四季豆差不多大小的条备用。
3. 橄榄菜开瓶备用。
4. 锅放油，将四季豆在油温 180℃下炸熟捞出控油。
5. 锅内放少许底油，爆香葱、姜并下入酱油、食盐、味精、蚝油和适当的水烧开，下入炸好的四季豆和胡萝卜条翻炒均匀，再下入适量的橄榄菜，搅拌均匀出锅即可。

营养盘点 >>

四季豆富含蛋白质和多种氨基酸，常食可健脾胃增进食欲。夏天多吃一些四季豆有消暑清口的作用。而该菜的另一个组成原料橄榄菜，富含橄榄油珍贵营养成分和多种维生素及人体必需的钙和碘，还含有铁、锌、镁等多种微量元素，同时橄榄油还可以使人情绪稳定、心态平和、头脑清醒和精力集中。

温馨提示 >>

食用四季豆时若没有熟透会发生中毒，为防止中毒发生，四季豆食前加热处理，可用沸水焯透或热油煸，直至变色熟透方可安全食用。市售橄榄菜多半盐分含量较高，注意适量食用。

湖北蒸菜

[材料] 鲜豌豆、藕、米粉、芝麻油、橄榄油、生抽、食盐。

[制作方法]

1. 鲜豌豆洗净，藕洗净去皮并切成豌豆大小的粒。
2. 将豌豆和藕粒倒在一起，滴上几滴橄榄油和芝麻油，再倒入适量生抽，加食盐拌匀。
3. 将米粉倒入豌豆藕粒中和匀，上蒸锅。
4. 在蒸锅上大汽的时候揭开洒上水，并用筷子稍作搅动。
5. 待藕粒与豌豆蒸熟后即可出锅。

营养盘点 >>

藕与豌豆均为高钾食物，每 100g 藕约含钾 240mg，每 100g 豌豆约含钾 330mg，这比寻常蔬菜高出十几倍。藕的性质平和，富含钙、铁、钾，可补益气血增强人体免疫力，豌豆中还含有丰富的赖氨酸，可促进宝宝身体发育，提高宝宝的抗病能力，在这个补钾的季节给宝宝吃点豌豆非常适合。

温馨提示 >>

若购买的米粉中有食盐，则无需在藕粒和豌豆中加盐。

杏仁花生芝麻粥

[材料] 杏仁、花生米、黑芝麻、大米。

[制作方法]

1. 杏仁洗净，大米洗净。
2. 花生米洗净捣碎，黑芝麻用漏勺装好用水冲洗。
3. 上锅注入清水，下入洗好的大米、杏仁和剁碎的花生。
4. 大火煮至米软稠时下入黑芝麻，再煮10分钟左右即可关火出锅。

温馨提示 >>

杏仁不宜过量食用，宝宝可只吃粥不吃杏仁，杏仁在熬粥的过程中钾已大量溶进粥中，同样可以起到补钾的作用。

营养盘点 >>

杏仁、花生和芝麻均富含钾、钙、铁、磷和多种维生素，花生有“长寿果”之称，还含有丰富的蛋白质、卵磷脂和粗纤维等营养物质。

茭白炒肉丝

[材料] 茭白、猪瘦肉、食用油、蒜、水淀粉、食盐。

[制作方法]

1. 茭白洗净切成丝，蒜洗净剁碎。
2. 猪瘦肉洗净切成丝，拌入水淀粉。
3. 将油放入锅内，待油热后下入蒜末炒香。
4. 投入肉丝急火快炒，再下入茭白丝炒软，加食盐即可出锅。

温馨提示 >>

脾胃虚寒以及腹泻便溏之人忌食茭白。

营养盘点 >>

茭白是江南三大名菜之一，不仅含钾丰富而且含有丰富的蛋白质、糖类、维生素E和B族维生素，具有清湿热和解毒之功效。

三 秋季疾病的防治

宝宝上火怎么办

秋季天干易燥昼夜温差大，小孩容易感染风寒而加重燥火，同时，儿童属于“纯阳之体”，较成人更容易上火，秋季防燥防火，是宝宝饮食管理的重要工作之一。

山药片炒苦瓜

[材料] 山药、苦瓜、木耳、水淀粉、姜末、食盐、白糖、食用油。

[制作方法]

1. 苦瓜洗净剖开掏出瓤，切成 2cm 厚的片。
2. 山药洗净刮皮切片。
3. 木耳取 3 ~ 5 朵，泡发去蒂洗净备用。
4. 山药片与苦瓜片分别在盐水中浸泡，2 分钟后捞出控干水分。
5. 锅中放油，油五成热时放山药片翻炒。
6. 再放苦瓜片和木耳翻炒至断生。
7. 加食盐、姜末和白糖，再勾芡出锅。

温馨提示 >>

苦瓜中含有丰富的维生素 C，在水中浸泡的时间不宜过长，以免维生素 C 溶进水中。

营养盘点 >>

苦瓜是药食通用的食物，有清暑除烦和解毒明目的功效，苦瓜虽味苦但苦味清香，反而能提高食欲。山药含有大量的黏液蛋白、维生素及微量元素，有滋润的补益作用。

凉拌笋藕片

[材料] 莴笋、莲藕、蒜泥、醋、生抽、香油、红油、花椒油、食盐。

[制作方法]

1. 莴笋去皮切片。
2. 莲藕去皮切片焯水。
3. 将莴笋片与莲藕片，加蒜泥、醋、香油、生抽、花椒油和红油以及食盐拌匀即可。

营养盘点 >>

莴笋清香脆嫩、水分充足，有清热、顺气和化痰的功效，尤其适合肺热小儿。莲藕性平寒，生吃可清热生津、润肺止咳，是秋季宝宝的餐桌上必不可少的一道菜肴。

温馨提示 >>

莲藕焯水时间要短以免营养流失，同时，太熟的藕清热效果不如生藕。

预防小儿秋季腹泻

秋季来临，婴幼儿的腹泻患者逐渐增多。小儿秋季腹泻，一方面是季节变化，肠胃容易受凉所致，另一方面是饮食不洁导致的细菌感染。

小儿秋季腹泻是病毒感染引起的急性肠炎，病情来势汹汹，腹泻伴随着发热、呕吐等症状。由于抗生素对病毒无作用，因此秋季腹泻用抗生素也没有作用，此时要给宝宝吃一些比较容易消化的食物，让宝宝的肠胃得到充分的休息和恢复，同时还要格外注意饮食卫生。

南瓜马铃薯泥

[材料] 南瓜、马铃薯。

[制作方法]

1. 南瓜和马铃薯分别去皮切块。
2. 将南瓜块与马铃薯块上蒸锅蒸熟。
3. 将这两种食物压成泥，略加开水混合即可。

营养盘点 >>

马铃薯含有丰富的维生素 C、钾、钙等营养物质，可强化胃壁的功能，也可同时补充腹泻时流失的钾。南瓜含有胡萝卜素、单糖，可帮助消化，同时南瓜中的果胶可吸附部分毒素和病菌，有降热、止下痢、促使黏膜再生的功效。

温馨提示 >>

南瓜与马铃薯均采用蒸的方式而不是加水煮，是为防止其中的水溶性营养素流失。

醋溜莲花白

[材料] 圆白菜、醋、食盐、食用油。

[制作方法]

1. 圆白菜洗净取叶，切成 2cm 长和宽的片。
2. 锅中放油，油八成热时放入圆白菜片爆炒。
3. 将醋从锅边淋 1 圈，放入食盐即可关火出锅。

营养盘点 >>

圆白菜又名莲花白，含维生素 C，可促使胃肠黏膜再生，腹泻的宝宝肠胃黏膜会受到不同程度的伤害，因此适当吃点莲花白，可帮助肠胃功能的恢复。

温馨提示 >>

莲花白在炒的时候避免在锅中停留的时间过长，因为莲花白可以生吃，即便未炒熟也可以吃，尤其是在炒到六分熟的时候口感最好。

补锌正当时

经过了一个漫长炎热的夏季，宝宝的饮食要随着季节的变化进行调整。由于夏季汗液多而造成锌流失严重，同时夏季胃口不好，肉食动物摄入较少，饮食中也较容易缺乏锌。秋季天气开始凉爽且食欲恢复，这时候补锌是最好的时候。

甜椒爆腰花

[材料] 甜椒、猪肾、食用油、蒜片、姜丝、料酒、水淀粉、食盐。

[制作方法]

1. 甜椒洗净切成丝。
2. 猪肾用盐水浸泡10分钟，切成齿牙片拌入料酒和水淀粉。
3. 将油放入锅内，油热后下入猪肾和蒜片、姜丝大火爆炒。
4. 下入甜椒丝炒至断生，放入食盐出锅即成。

营养盘点 >>

甜椒是著名的富含维生素C的营养蔬菜，它的锌含量高于一般蔬菜，猪肾中的锌含量也非常高。

温馨提示 >>

若买到未去掉尿筋的肾，要注意先去除尿筋后再进行其他步骤的操作。

四 抗寒食谱帮助宝宝健康过冬

宝宝发烧食疗方

冬季天寒地冻，小孩的体温调控功能不成熟，因此感冒常常发生。宝宝发烧之后肠胃消化功能减退，呼吸加快且皮肤表面的水分蒸发较快，在这种情况下应该如何给宝宝安排饮食呢?

首先，因为宝宝食欲下降，要给宝宝制作一些开胃的菜肴。其次，肠胃消化功能降低，最好是给宝宝吃较容易消化的流质食物。第三，要注意减少食量，减轻肠胃负担。

莴笋叶粥

[材料] 莴笋叶、大米。

[制作方法]

1. 莴笋叶洗净切碎待用。
2. 大米加清水熬粥。
3. 粥熬至烂稠时加莴笋叶末搅匀即可关火。

营养盘点 >>

莴笋叶具有一股非常独特的清香，宝宝发烧时一般胃口不好，而莴笋叶的清香可给宝宝开胃，同时补充维生素。

藕粉小米粥

[材料] 藕粉、小米、白糖。

[制作方法]

1. 藕粉用温水调成糊状。
2. 小米加水熬成粥。
3. 将温水调好的藕粉倒入滚烫的小米粥中和匀。
4. 加少量糖，凉凉即可给宝宝食用。

营养盘点 >>

藕能补五脏、和脾胃、益血补气，在加工成藕粉以后，性质也由凉变温。藕粉中除含有淀粉、葡萄糖和蛋白质外，还含有多种矿物质和维生素，是宝宝养病的最佳食物之一。小米的营养价值极高且容易消化，也是生病宝宝最常用的营养补充食物。

豆腐萝卜鲫鱼汤

[材料] 豆腐、鲫鱼、白萝卜、葱花、姜末、料酒、醋、食盐、食用油。

[制作方法]

1. 将鲫鱼洗净后在鱼身划几刀，抹上少许食盐，白萝卜切丝待用。
2. 锅中放食用油，油热后将鲫鱼的两面都稍煎一下。
3. 将姜末和适量料酒、醋放入锅中，加水煮沸后加入豆腐和白萝卜丝。
4. 待汤汁成为乳白色后，撒上葱花即可出锅。

营养盘点 >>

这是一道高蛋白、高铁的营养美食，豆腐含有丰富的植物蛋白，鲫鱼含有丰富的动物蛋白，鲫鱼中的铁含量非常高。

温馨提示 >>

由于鲫鱼鱼刺较多，因此必须小心将鱼肉剔下来，确认无刺之后给宝宝喂食。可以多给宝宝喝鲫鱼汤，冬天的鲫鱼肉质尤为鲜嫩，因此民间有“冬鲫夏鲤”之说，又有“冬吃萝卜夏吃姜”之说，因此这道菜是一道地道的冬季菜。

选对抗寒食物，帮助宝宝轻松过寒冬

天寒地冻，宝贝的防寒工作提上议事日程。防寒不仅仅是需要给宝宝加衣服、开暖气，更应该加强锻炼，同时补充一些可强身御寒的食物。御寒食物需要具有加速代谢、促进血液循环、增加热量的特点。生活中常见的御寒食物包括：辛辣食物、肉类、根茎类食物、含碘含铁量高的食物。

葱爆羊肉

[材料] 羊肉片、洋葱、蒜、料酒、酱油、食盐、生抽、食用油、花椒油、香油。

[制作方法]

1. 洋葱切丝，蒜切片。
2. 羊肉片在沸水中过一下，捞出控干水。
3. 羊肉中加少量生抽、香油、花椒油、酱油拌匀。
4. 锅中放油，油热后加蒜片煸香，然后放羊肉和洋葱丝爆炒，再淋入料酒。
5. 羊肉炒好后放食盐即可出锅。

营养盘点 >>

羊肉性属温热性，可以温胃御寒，尤其适合在冬季食用。羊肉中的钙、铁含量都比猪、牛肉高，而且胆固醇含量低，是冬季最好的滋补品之一。洋葱味冲，可去除羊肉中的膻味，又可刺激食欲、帮助消化，是羊肉的最佳拍档。

东北乱炖

[材料] 五花肉、排骨、马铃薯、番茄、青椒、宽粉、圆白菜、豆角、海带、胡萝卜、茄子、黄豆酱、八角、花椒、大葱、姜片、大蒜、食用油。

[制作方法]

1. 排骨洗净焯水去除血水，圆白菜去皮切块，番茄、马铃薯、胡萝卜、茄子分别切一样大的块，宽粉泡发，青椒去蒂去子切块，海带泡发洗净并切成3cm长的片，豆角去茎洗净切成3cm长短，五花肉切成片。
2. 锅中放油，将五花肉放入热油中，煎至五花肉微干捞出沥干油。
3. 放入八角、花椒、姜片（姜片不要放完，留一半放入汤料中）煸香后用漏勺沥出。
4. 将排骨放入锅中稍做翻炒，加水、姜片、大蒜、大葱炖半小时。
5. 依次放入五花肉片、马铃薯块、豆角段、胡萝卜块、茄子块、番茄块、青椒块、宽粉、海带片继续炖半小时。
6. 最后放入炒好的黄豆酱和大葱，炖煮10分钟即可出锅。

营养盘点 >>

东北乱炖中所用的材料非常之多，营养非常的全面，肉类、豆类、根茎类植物等一应俱全，对于中国居民膳食指南提倡的食物多样化是做得非常到位。肉类中含铁，海带中含碘，这两种营养素都有御寒功效，同时东北乱炖一般是炖熟就吃，保暖御寒又补充营养，非常适合在冬天给孩子吃。

温馨提示 >>

1. 在煎炸花椒等作料的时候沥出，不然孩子在吃的时候不容易挑拣出。2. 排骨可用牛腱子肉替代，又是别样的风味。

第7章

宝宝挑食、偏食、厌食的应对策略

一 挑食、厌食、偏食的危害及原因分析

二 纠正宝宝厌食、偏食的 10 个小妙招

三 改善偏食的食疗法——12 道人气菜

一 挑食、厌食、偏食的危害及原因分析

挑食、偏食的定义及原因

挑食是指幼儿只对某一特定类型或特定菜肴感兴趣，挑食的直接结果就是偏食。挑食、偏食都是非常不好的习惯，会导致宝宝某些营养素不足，或者是某些营养素过量，从而导致抵抗力虚弱，不是长成“豆芽菜”就是长成“小胖墩”。

实际上作为一个普通的人对于食物都有自己的偏好，严格意义上的挑食，应该是只吃某一类食物，或对某一类食物完全不接受。比如有些孩子就是不喜欢吃蔬菜，有些孩子则不喜欢吃肉，有些孩子不喜欢奶制品，有些孩子不喜欢牛羊肉。如果单纯的不喜欢某一类中的某一种，则不应该视为挑食。比如不喜欢吃芹菜，尚能用苦瓜或其他蔬菜代替，如果所有的蔬菜都不喜欢，从营养上找不到替代品，则属于偏食，要引起家长的重视。

宝宝挑食的原因之一：饭菜不合胃口。家长都不是烹饪专家，很多家长烹饪技术不好，或只会做某一类食物，家长朋友要么提高自己的烹饪水平，要么请一个烹饪技术较好的钟点工。不能因为烹饪技术限制了宝宝的食物种类，更不能因为家长的懒惰影响到宝宝的身体健康。

宝宝挑食的原因之二：很多家长会误以为“运动”可增加孩子食欲，实际上孩子刚刚做完剧烈运动后是没有食欲的，如果此时就餐，孩子必然会挑挑拣拣，长此以往易养成挑食、偏食的坏习惯。

宝宝挑食的原因之三：纵容孩子的挑食。宝宝时刻在观察你的底线，如果第一次挑食成功，那么以后就更容易挑挑拣拣。家长在对孩子的询问上也不要出现“你喜欢吃什么”“你觉得 ××× 好吃吗？”这样的语言，同时家长要表现出对

食物极大的兴趣，时不时发出“真好吃”这样的暗示。你对食物的激情可刺激孩子的食欲，孩子会模仿你的样子，积极地面对食物。

宝宝挑食的原因之四：宝宝确实不接受某些食物的味道。比如苦瓜，很多小孩就不喜欢吃。对于这种情况，家长要让孩子慢慢习惯宝宝不喜欢的食物的味道，可以采取逐步增加的方法，让宝宝逐步适应某些食物的味道。

偏食是指宝宝对某些食物食欲不好，厌食是指幼儿长时间食欲下降进食量小，对所有食物失去兴趣。有两种营养素会让宝宝厌食，第一是锌，锌参与构成一种蛋白——黏液蛋白，这种黏液蛋白会影响味蕾的味觉感觉功能，如果在食物中经常缺乏锌，就可能让宝宝觉得食物没有味道，食欲减退甚至厌食。海产品、动物性食物中含锌都较高，不喜欢吃肉和海鲜的小朋友很容易缺锌，家长在这一点上要尤其关注。

缺少 B 族维生素也可能引起宝宝厌食，B 族维生素可以促进肠胃蠕动，促进大脑蛋白质吸收。一旦缺乏就会引起食欲不佳，加剧挑食偏食现象而造成恶性循环，久之就产生厌食行为。维生素 B_1 很多都存在于粗粮和豆制品中。维生素 B_2、维生素 B_6、维生素 B_{12} 普遍存在于蛋、奶和猪肝等食物中。因此宝宝的食物也不可吃得太精，适当补充粗粮，能避免缺乏 B 族维生素。B 族维生素均为水溶性的，在体内的存在时间只有几个小时，因此是需要时常补充的。

这些行为会让宝宝厌食

引起小儿厌食最常见的原因是不良的生活习惯，1 岁以后的孩子每日吃饭时间应该定时，养成习惯后孩子到了时间自然会乖乖吃饭。如果饭菜不合宝宝的口味，那么也比较容易引起厌食。如果上一餐吃得过多过饱，引起宝宝消化不良，也会引起宝宝的食欲下降。这时候不妨让宝宝“饿一饿”，让宝宝将食物消化完全，也让宝宝的肠胃休息休息。

另外一个引起小儿厌食的是心理和精神因素。很多家长喜欢进行“餐桌教育”，一到吃饭便喋喋不休地对孩子进行指责和训斥，引起了宝宝对餐桌的反感。还有，宝宝在受到了精神刺激，比如过度紧张、惊吓，对陌生环境的不适应，都可能引起厌食。这时候家长要及时的进行安抚，让宝宝尽早平静和适应。当然，宝宝过度兴奋也会引起厌食，经常见到家长拉着孩子吃饭，孩子还对玩具恋恋不舍，吃饭时心不在焉。

还有一个让宝宝厌食的因素经常被家长忽略，那就是制作的菜肴取食和咀嚼都不方便。宝宝的食物除了要求色、香、味俱全，还需要细、碎、嫩，方便宝宝夹、舀，也方便宝宝咀嚼。

季节因素：到了夏季，天气炎热会引起食欲不振，小孩会在夏天喝很多水，吃很多冷饮，从而冲淡胃液伤害了脾胃，这也是厌食的原因之一，尤其是很多宝宝在口渴的时候喜欢喝糖饮料，这样就会更加影响进餐的胃口。

二 纠正宝宝厌食、偏食的 10 个小妙招

1. 注意色、香、味的全面吸引力。如果我们将馒头蒸成小鸟的形状，如果我们的食物色彩斑斓，如果饭菜非常香甜，让人闻到就想吃，我们的宝宝当然会兴趣盎然地接受这些食物，这样也不需要我们家长煞费苦心了。

2. 让宝宝参与到做饭中去。宝宝是很好奇的，让他帮着择菜或者剥个蒜，他是很乐意去做的。当饭菜好了要告诉全家人，这是宝宝做的！宝宝会特别有成就感地吃着这些饭菜，自然胃口就好了。

3. 引入竞争机制。经常邀请小朋友到家里吃饭，可以让宝宝们比赛谁吃得干净谁吃得块。宝宝都是争强好胜的，都希望自己比别人棒，这样就吃得又快又好了。

4. 偷梁换柱。宝宝不喜欢吃的菜，可以切碎混合在宝宝喜欢吃的菜肴中，让宝宝在不知不觉中就吃下了自己不喜欢的食物。比如宝宝不喜欢吃蘑菇，那么我们可以把蘑菇切成粒混在肉丸子里，这样宝宝吃丸子就可以吃到香菇。等宝宝逐渐适应了这种食物的味道，我们就可以“大张旗鼓”地给宝宝制作这种食物了。

5. 对宝宝进行适当的健康教育，要让宝宝知道既要吃菜又要吃肉，还要吃豆制品，这样才会健康。可以从生活中举几个典型的案例给宝宝听，宝宝虽似懂非懂，但是只要我们多重复，让宝宝记住这个道理，宝宝会经常在其他小朋友面前“显摆”自己懂

得的道理，也可以激励宝宝自己要遵守营养均衡的道理。

6. 用宝宝的偶像来激励。很多宝宝喜欢喜洋洋，那么我们要告诉宝宝，喜洋洋是因为什么都吃才那么聪明的。宝宝喜欢奥特曼，就告诉宝宝奥特曼是因为好好吃饭才那么有力气。最重要的是作为家长要以身作则，自己吃饭不要挑挑拣拣，“其身正，不令而行；其身不正，虽令不从”。孩子的模仿力很强，如果我们自己都挑食偏食，宝宝会很自然地跟着学习。

7. 多带孩子进行户外活动。外界的视觉范围很宽阔，更能造就宝宝宽阔的胸怀和愉快的心情。户外活动也可以帮助宝宝消化，心情好了消化自然就好了，宝宝进食就不需要我们大吼大叫。

8. 正确引导宝宝吃零食，零食不要过多，要健康的，更要容易消化，不要让零食影响了宝宝的正餐。

9. 准备一些宝宝喜欢的餐具，我们可以带着宝宝去购买餐具，宝宝看到自己喜欢的餐具也有助于进食。

10. 给食物一个“平等”的地位。食物都是平等的，不存在什么“高级食物”，要把食物的等级观念从全家人的脑海中彻底去除，让宝宝从小形成一个食物平等的观念。

三 改善偏食的食疗法——12 道人气菜

 酸酸甜甜开胃菜

酸辣三丝

[材料] 马铃薯、大白菜梗、胡萝卜、干辣椒、干花椒、食盐、食用油、醋。

[制作方法]

1. 马铃薯去皮切丝，大白菜梗切丝，胡萝卜洗净切丝。
2. 锅中放油，油热后放干辣椒与干花椒稍炸。
3. 迅速放入 3 种切好的丝爆炒。
4. 将醋从锅边浇下去。
5. 放食盐炒匀即可出锅。

营养盘点 >>

马铃薯营养素较为全面，在食物中仅次于红薯。大白菜中除含有维生素，还有丰富的钙，胡萝卜中丰富的维生素 A 原更是让胡萝卜美名远扬，酸辣三丝不仅色泽鲜艳，营养也很丰富。

温馨提示 >>

胡萝卜素是脂溶性维生素，要充分吸收就必须烹饪时与油脂共同作用，因为生吃胡萝卜基本吸收不到胡萝卜素。

酸菜粉丝汤

[材料] 酸菜、粉丝、食用油、肥牛卷、葱花、姜末。

[制作方法]

1. 酸菜切碎。
2. 锅中放油，油热后下入姜末煸香，再放入酸菜末爆炒。
3. 锅中放清水，水开后放粉丝。
4. 粉丝煮软后放肥牛卷，肥牛卷变色后即可关火。
5. 撒上葱花即可出锅。

营养盘点 >>

酸菜中含有乳酸，可刺激消化液的分泌并且开胃，同时酸菜含有维生素和钙、铁、磷。粉丝是由大米或豆类制成，富含蛋白质和碳水化合物，肥牛中含有丰富的铁、脂肪、蛋白质、锌、钙，还有每天需要的B族维生素。

糖醋排骨

[材料] 仔排、生抽、老抽、香醋、料酒、白糖、食盐、食用油、姜丝、芝麻。

[制作方法]

1. 仔排焯水，然后炖半小时，捞出沥干水分。
2. 用料酒、生抽、老抽、姜丝、香醋、食盐将仔排腌渍15分钟。
3. 锅中放油，油热后将仔排一块一块地放进去炸，一边炸一边翻动。
4. 仔排炸至金黄色放白糖，再倒入半碗炖排骨用过的汤。
5. 小火焖20分钟，收汁后撒上芝麻、倒点香醋即可出锅。

温馨提示 >>

糖醋排骨主料单一，营养价值虽高但营养不全面，需搭配一些蔬菜和豆制品才能让宝宝吸取全面的营养。

营养盘点 >>

排骨肉中含有丰富的蛋白质、钙、铁、骨胶原和骨黏蛋白，是常用的补钙食品。糖醋排骨酸酸甜甜，虽为荤菜却不油腻，十分适合不喜欢吃肉食的小朋友。

酸辣鱼片

[材料] 草鱼、酸菜、泡椒、粉丝、姜片、葱花、食盐、鸡蛋清、味精、料酒、花椒、淀粉、食用油。

[制作方法]

1. 草鱼宰杀后洗净，从背部沿着脊背用刀划开至鱼骨为止，然后向两边剔出两扇鱼肉来，鱼骨切段。
2. 将鱼肉斜刀切成片，取鸡蛋清、食盐、料酒、淀粉、花椒、姜片与之混合腌 15 分钟。
3. 将酸菜切碎，放油锅炒 1 分钟，再放入清水加入泡椒。
4. 水开后将鱼骨放入，1 分钟后将鱼肉片一片片放入。
5. 放入粉丝，待鱼片变色后关火，撒上葱花和味精即可出锅。

营养盘点 >>

草鱼是淡水鱼中的上品，除含有丰富的蛋白质、不饱和脂肪酸外，还含有核酸和锌。草鱼肉厚且鱼肉鲜嫩，加酸菜煮片，味道酸咸微辣十分开胃。

温馨提示 >>

根据宝宝对麻辣味的接受程度调整花椒和泡椒的用量。

营养全面巧搭配

茶香排骨

[材料] 鲜茶树菇、青笋、猪仔排、食用油、生姜、大葱头、食盐。

[制作方法]

1. 茶树菇洗净去掉头，青笋去皮切成小段，生姜拍烂，大葱头拍松。
2. 猪仔排洗净。
3. 将油放入锅内，再下入生姜倒入仔排爆炒至水干飘香，注入适量的清水（以浸过仔排为益）大火烧开，改小火焖至仔排八分熟。
4. 下入茶树菇和青笋段、葱头大火炒香，再加食盐出锅即成。

营养盘点 >>

茶树菇不仅盖肥柄嫩而且营养丰富，含钾、钠、钙、镁、铁、锌等矿质元素以及蛋白质和B族维生素，再加上维生素含量丰富的青笋，蛋白质和钙、铁丰富的排骨，味道独具一格，脆嫩爽口且清香浓郁，让人回味无穷。

温馨提示 >>

茶树菇含包括谷氨酸在内的18种氨基酸，因此在制作菜肴的时候不需另加鸡精。

甜香腔骨汤

[材料] 胡萝卜、玉米、荸荠、猪腔骨、生姜、花椒、食盐。

[制作方法]

1. 胡萝卜洗净切成小段。
2. 玉米洗净切成小段，荸荠洗净去皮，生姜切片。
3. 猪腔骨洗净剁成小段。
4. 灶上放砂锅，注入适量的清水，放入姜片、花椒和腔骨，大火烧开之后，去掉浮出的泡沫，然后放入胡萝卜段、玉米段和荸荠一起慢炖，至肉熟烂放入食盐即可。

营养盘点 >>

这是一道明目养生菜，玉米和胡萝卜中均含有丰富的 β－胡萝卜素，可明目护眼。荸荠肉质洁白、味甜多汁、清脆可口，有“地下雪梨”之美誉。其中富含多种维生素和钙、磷、铁等矿物质，它具有清热解毒、凉血生津、利尿通便、消食除胀的功效。玉米主要成分是蛋白质、维生素 E 和胡萝卜素以及多种维生素及矿物元素。腔骨中骨油丰富，钙质丰富又能为汤增鲜，加上胡萝卜、玉米和荸荠，不仅味道甜美、色泽鲜艳，而且营养也很全面。

温馨提示 >>

腔骨中本身能炖出很多油来，无需另放食用油。

海带棒骨汤

[材料] 海带、腐竹、芦笋、猪棒骨、花椒、生姜、食盐。

[制作方法]

1. 海带洗净泡胀切成丝，腐竹泡胀切成小段，芦笋洗净切成段，生姜切片。
2. 猪棒骨洗净，从骨中间敲断。
3. 上砂锅注入清水放入生姜片、花椒、猪大骨大火烧开，去掉浮沫。
4. 下入海带丝烧开，改小火慢炖至汤白。
5. 再下入腐竹段炖10分钟，最后下入芦笋段和食盐烧开，5分钟后关火即可。

营养盘点 >>

腐竹富含蛋白质，且含有类似黄豆的营养成分，它具有抗炎、抗溃疡的功效。芦笋含丰富的蛋白质和糖类，还有特别的芦丁可补虚抗癌。海带是我们常见的补碘食品，其中钾、铜的含量都较高。汤中主料棒骨是猪的大腿骨，骨髓多而且含钙丰富，是常用的高汤制作原料。

温馨提示 >>

为了增加钙质的析出，可略加点醋在汤中，补钙效果更好。

三色对虾

[材料] 鲜金针菇、小白菜、南美对虾、生姜、葱头、红甜椒、食用油、蚝油、食盐。

[制作方法]

1. 金针菇去头洗净，小白菜洗净手撕成丝，生姜拍碎，葱头拍松，红甜椒洗净切成小块。
2. 南美对虾去头去壳洗净。
3. 将油放入锅内，待油热后下入生姜、葱头、对虾爆炒。
4. 下入金针菇、小白菜丝、红甜椒块大火炒至白菜熟。
5. 下入蚝油和食盐拌匀出锅即成。

营养盘点 >>

黄色的金针菇、白色的白菜、红色的甜椒构成了对虾的三色配菜。鲜金针菇质地细软娇嫩、润泽光滑，富含 B 族维生素、矿物质以及多种氨基酸和多糖，它具有补肝益肠胃之功效。

温馨提示 >>

1. 对虾清洗的时候，可从虾仁背上竖剖 2mm 深，洗出虾肠。2. 腹泻便溏者忌食金针菇。

金色甜酒羹

[材料] 南瓜、小米、甜酒、珍珠汤圆。

[制作方法]

1. 南瓜洗净去皮切成小块。
2. 小米洗净。
3. 上锅注入清水，放入洗好的小米，下入南瓜块大火煮熟。
4. 再下入珍珠汤圆煮浮，最后下入甜酒即可。

营养盘点 >>

小米主要成分是蛋白质、钙、磷、铁，容易消化吸收，所以被营养专家称为“保健米”。汤圆主要成分是不容易消化的糯米，而甜酒正好具有帮助消化的功能，所以甜酒糯米是最佳搭档。本品中的南瓜与小米都呈现鲜艳的金黄色，配上白白胖胖的汤圆，“相貌”十分可人。

温馨提示 >>

给宝宝食用，下入甜酒后便要多煮一会，至酒味消失为好，以免其中的乙醇对宝宝的身体造成伤害。

青红脆骨

[材料] 青笋、枸杞子、红枣、脆骨肉、生姜、食盐。

[制作方法]

1. 青笋去皮切块，脆骨肉洗净，红枣去核。
2. 上炖锅注入清水，下入生姜脆骨肉大火烧开撇去浮沫。
3. 下入红枣、枸杞子改小火慢炖至脆骨肉熟透。
4. 下入青笋块大火烧开改小火慢炖至青笋熟透，加入食盐即可。

营养盘点 >>

红枣含有丰富的铁是补血佳品，脆骨肉中富含钙质，脆骨能让宝宝直接咬碎吃下去，补钙效果最好。青笋富含叶酸、蛋白质和多种维生素及矿物质，可刺激胃液的分泌。

温馨提示 >>

本品无所禁忌，但不要放可“染色”的调料，比如酱油、醋等，以免影响青笋的青翠色泽。

海鲜菇烩五花肉

[材料] 白海鲜菇、豆腐干、青笋、猪五花肉、食用油、酱油、生姜、花椒、食盐。

[制作方法]

1. 白海鲜菇洗净，青笋洗净去皮切成长条形的块状。
2. 豆腐干洗净切成条形，生姜切成片。
3. 五花肉洗净切成条形。
4. 将油放入锅内，待油热后放入姜片、花椒和五花肉炒香。
5. 再下入白海鲜菇、豆腐干条及青笋块大火翻炒。
6. 最后注入适量的清水，收干水分后加入酱油、食盐即可出锅。

营养盘点 >>

白海鲜菇又称玉龙菇，它洁白如玉且菌肉肥厚，其中包括 8 种人体必需氨基酸，还含有数种多糖，可提高人体免疫力。豆腐干中富含最优质的植物蛋白，同时含有多种无机盐及 B 族维生素，加上五花肉中的脂肪、青笋中的维生素，海鲜菇烩五花肉无论是色泽还是口味和营养上，都是菜品中的佼佼者。

温馨提示 >>

脾胃虚寒和腹泻便溏者不宜食用莴笋。

五彩里脊肉丁

[材料] 山药、胡萝卜、娃娃菜、木耳、彩椒、里脊肉、食用油、生姜、酱油、食盐。

[制作方法]

1. 山药洗净切成小丁，胡萝卜与彩椒洗净切成小丁，娃娃菜洗净切碎，木耳泡发洗净撕成小片，生姜切成末。
2. 里脊肉洗净切成小丁。
3. 将油放入锅内，待油八成热后下入姜末煸香。
4. 放入肉丁、山药丁等各种菜丁炒香，淋上酱油并注入少量的清水大火爆干。
5. 最后下入娃娃菜末煸炒半分钟，放入食盐即可出锅。

营养盘点 >>

山药健脾胃、补肺肾、收敛止泻，富含碳水化合物等多种营养素。本品中各种菜代表各类型的营养素，菜品流光溢彩，让宝宝看到了都止不住流口水。

温馨提示 >>

由于山药有较强的收敛作用，所以大便干燥者不宜食用。

第8章

如何避免宝宝成为“零食大王”

一 如何健康地吃零食

二 零食的分类及营养分析

三 巧手妈妈自制健康宝宝零食

如何健康地吃零食

一说到零食，很多家长便将零食视为洪水猛兽，觉得吃零食会让宝宝变胖，零食没有营养，零食会影响宝宝正常进餐，零食会影响宝宝的牙齿美观等，于是宝宝在吃零食这个问题上，就和家长上演出一幕幕猫捉老鼠的游戏。

其实，不是所有的零食都对健康有害，适当地补充零食和科学地吃零食，对宝宝的健康是有促进作用的。辩证的认识零食，对于我们帮助孩子选择正确的零食有很大的帮助。

首先，要认识到零食是宝宝膳食的组成部分。选择零食不光要从口味和喜好来选择，更应该选择一些营养素集中、无毒副作用、新鲜易消化的零食。

其次，吃零食应在两餐之间，而不应在选择正餐前后。零食时间选择在正餐前后，才会真正影响到宝宝的正餐食量。

第三，睡前避免吃零食。睡觉前吃东西容易造成宝宝消化不良，同时睡前过饱容易影响孩子的睡眠。

第四，要注意零食卫生。很多零食都不会像正餐一样用碗筷，都是开袋即食，很多零食都需要用手直接抓取，这时候我们往往忘记提醒宝宝要先洗手。很多零食包装的卫生状况也很令人担忧，所以宝宝吃零食一定要注意卫生，在可能的情况下应该找干净的碗来装盛食物。

第五，少吃高热高盐的食物。油炸食物和甜品热量都非常高，这样容易吃出肥胖儿，食盐过多会导致血压升高，加重肾脏的代谢负担，过多的钠离子会影响其他营养素的吸收。

第六，注意零食安全。小豆子这样的食物容易呛入气管，还有果冻这类的食物非常滑，容易卡住喉咙造成窒息，在宝宝吃这类零食时应有家长陪同监管。

第七，杜绝街头零食。很多街头的零食均为三无产品，因为缺乏正常的食品检测程序，给不法小商贩有机可乘，为了零食有卖相，给零食添加很多非法添加物或无限量的添加剂。

第八，吃零食也需要“认真”。宝宝常常一边吃零食一边玩玩具，或者一边看电视一边打游戏，这种坏习惯是应该改正的，一方面这样吃零食不卫生，摸过电脑、遥控板和游戏机又去抓零食，容易感染细菌。另一方面这样“无意识”地吃零食，容易造成零食过量，容易摄取过多的热量也影响正餐的食量。

第九，家长要认识零食的营养特点，懂得如何为宝宝搭配零食，同时对孩子进行初级“营养教育”，让宝宝对零食也有一个正确的认识。

第十，让零食与正餐成为互补。如果正餐中孩子吃蔬菜少，那么零食可多选择水果类维生素含量高的零食。如果正餐未喝奶，那么则可以为宝宝选择奶制品和豆制品零食。如果正餐肉类进食较少，则可以选择肉食零食来进行补充。

二 零食的分类及营养分析

由卫生部疾病预防控制局、中国疾病预防控制中心营养与食品安全所、中国营养学会联合推出《中国儿童青少年零食消费指南》中，根据营养价值和脂、糖、盐的含量将零食分为了 3 种：可经常食用零食、可适当食用零食、限制食用零食。可经常食用零食是指能量适中、营养丰富又可补充膳食纤维、矿物质和维生素等人体必需营养素，符合低脂低盐低糖的特点；可适当食用零食是指营养素含量丰富，但脂肪、糖和盐超标的食品和饮料；限制食用零食是指营养价值低又高糖高脂高盐的食品。

可经常食用零食包括：水煮蛋、无糖或低糖燕麦片、煮玉米、全麦面包、全麦饼干、豆浆、烤黄豆、香蕉、番茄、黄瓜、梨、桃、苹果、柑橘、西瓜、葡萄、纯鲜牛奶、纯酸奶、瓜子、大杏仁、松子、榛子、蒸、煮、烤制的红薯、马铃薯、不加糖的鲜榨橙汁、西瓜汁、芹菜汁等。

可适当食用零食包括：黑巧克力、牛肉片、松花蛋、火腿肠、酱鸭翅、肉脯、卤蛋、鱼片、蛋糕、月饼、怪味蚕豆、卤豆干、海苔片、苹果干、葡萄干等。

限制食用零食包括：糖果、果冻、果脯、罐头、炸薯片、汽水、可乐、冰糕、冰淇淋等。

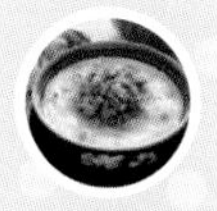 零食的营养分类 

《中国儿童青少年零食消费指南》中分别对高能量、高维生素A、高维生素E、高维生素C、高钙、高纤维零食做了汇总。

高能量零食包括糖果、巧克力、甜点、含糖饮料、油炸食品、膨化食品、肉制品、坚果。例如：糖果、各式巧克力、奶油蛋糕、蛋黄派、饼干、油饼、可乐、雪碧、汽水、果汁饮料、油炸干脆面、油炸锅巴、猪/牛肉脯、猪/牛肉干、香肠、炸薯条、炸薯片、松子、葵花子等。

富含维生素A的零食包括奶和奶制品、蛋类、水果蔬菜和薯类，比如鲜奶、奶酪、卤蛋、柑橘等水果、干红薯条。

富含维生素E的零食包括坚果及豆制品类，比如花生、腰果、瓜子、杏仁、核桃、榛子以及炒豆、豆腐干等。

富含维生素C的零食包括水果和蔬菜，比如番茄、苹果、樱桃等。

富含钙的零食包括奶制品、蛋类、豆制品和坚果类。

富含纤维素的零食包括谷薯类及其制品、蔬菜水果、坚果、豆制品，比如全麦面包、麦片、常见坚果、常见蔬菜、炒（烤）青豆、红薯条、马铃薯泥等。

零食的烹制方式分类

《中国儿童青少年零食消费指南》还对各种烹调方法对零食中营养素的损害做出了汇总：

蒸煮：因为蒸煮的温度都在 100℃以下，所以营养素的流失最小，比如煮玉米、煮花生、蒸红薯等。

烘炒：一般为坚果和果蔬子，这类食品的油脂含量较高，高温和高湿度的烹调方式容易让食物氧化变质，这类零食不应食用太多，也不应搁放太久。

油炸：高热高脂食物，营养素损失较严重，比如：炸鸡腿、炸油条。同时高温导致很多化学反应，会产生一些对身体不利的元素，比如反式脂肪酸、致癌物。

酱卤：酱制的食品一般都需经过腌渍，容易产生致癌的亚硝酸盐。同时卤制品调料、防腐剂和其他添加剂添加得非常多，过量食用对身体会造成伤害。

熏制：一般为肉类及豆制品，通过不完全燃烧的烟对食物进行加工，不完全燃烧，会产生很多苯类致癌物，辛辣的味道也影响肠胃功能。同时，熏制的东西一般也会先腌渍，添加剂和亚硝酸盐很容易超标。比如烤羊肉串、烤鱿鱼、烟熏腊肉等。

风干：主要是肉类，经过调味后让其干燥制成。在其风干的过程中，某些活性营养素容易破坏掉，添加剂也比较多。但是很多食物，例如肉松等经过此类加工更容易咀嚼和消化，对于孩子来说是有弊有利。

糖渍：用高浓度糖和盐进行浸泡加工而成，比如果脯、果酱、果丹皮等，这类食物热量高，营养素损失较大，添加的甜味剂和着色剂较多，属于限量食用零食。

膨化：通过油炸、微波挤压等方式熟化，食物体积明显增加，比如爆米花、虾条、雪饼等，膨化食品口感好、酥脆、入口即化，缺点是油脂过多，在膨化的过程中反式脂肪酸增加，对幼儿健康有很大的危害，属于限制食品类零食。

三 巧手妈妈自制健康宝宝零食

酥脆马铃薯片

[材料] 马铃薯、孜然料、食用油。

[制作方法]

1. 马铃薯洗净削皮切成薄片，放入清水中浸泡一下捞出沥干，在冰箱中放置10分钟。

2. 把微波炉的烤盘添上一层油，放入冰箱拿出的马铃薯片，一片一片放好不要码着放，撒上孜然料然后打火4分钟，关火翻面再开4分钟，如果这时看还没熟透，就开火1分钟再翻面，直到酥脆为止。

营养盘点 >>

马铃薯有“地下苹果”之称，其营养丰富且富含蛋白质、钙、铁和磷，还有丰富的钾盐，它具有补气健脾之功效。

温馨提示 >>

不可选用发芽发青的马铃薯，发芽的马铃薯含有龙葵素会引起中毒。

牛奶椰汁西米露

[材料] 牛奶、西米、椰汁。

[制作方法]

1. 西米洗净放在容器中，倒入少许椰汁。
2. 上锅注入清水放入蒸架，放入西米大火蒸，中间要用筷子搅动以免粘到一起。
3. 快熟的时候倒入牛奶和椰汁再蒸几分钟即可。

温馨提示 >>

可以根据宝宝的口味加入不同的水果，又是另一种风味。

营养盘点 >>

西米性温、味甘，具有清热解毒、健脾胃、补肺之功效，还可促进宝宝的消化吸收功能。牛奶中含有蛋白质、钙和磷等营养素，是宝宝必用的营养补充剂。

脆皮花生

[材料] 花生、豌豆粉、食用油、蜂蜜、鸡蛋。

[制作方法]

1. 花生用冷水浸泡 30 分钟，捞出控干水待用。
2. 鸡蛋打散，调入豌豆粉（不要调得太稀），加入适当的蜂蜜，倒入控干水分的花生一起拌匀待用。
3. 锅倒入食用油，待油温热后改小火，下入调好的花生至金黄色捞出即可，要一下子全倒下去，不要一点一点地下。

温馨提示 >>

花生霉变后忌食，因为霉变后会产生致癌性很强的黄曲霉素，要选用色泽艳丽、表面光滑的花生。

营养盘点 >>

花生含钙、铁、磷和蛋白质等营养成分，可提供 8 种人体所需的氨基酸及不饱和脂肪酸，它具有增强记忆力和促进人体新陈代谢的功效。

核桃酥

[材料] 核桃、低筋面粉、泡打粉、鸡蛋清、细砂糖、黄油。

[制作方法]

1. 黄油和细砂糖倒入容器中搅拌均匀，打好的糖和油颜色有些发白并成膨松状态。
2. 倒入鸡蛋清搅拌好。
3. 核桃碾碎与面粉和泡打粉倒入容器中揉成团，在冰箱放 20 ~ 30 分钟。
4. 将面团拿出放在菜板上用擀面杖擀长，用刀切成段，用大小适中的瓶盖压成圆形。
5. 把压好的饼放在烤盘上烤箱 180℃预热，15 ~ 20 分钟关火闷至凉取出即可。

营养盘点 >>

核桃富含钾、钠、钙、铁、磷以及蛋白质等人体必需的营养素，其中油酸、亚油酸等不饱和脂肪酸高于橄榄油，可促进宝宝的脑部发育。

温馨提示 >>

为保存营养，食用时不宜剥掉核桃仁表面的褐色薄皮。

脆炸红薯饼

[材料] 红薯、低筋面粉、泡打粉、糯米粉、鸡蛋、细砂糖、食用油。

[制作方法]

1. 红薯洗净去皮，切成小块放入容器中（如果喜欢甜味可以放细砂糖，红薯本身就含糖，一般不需放糖。），上锅注入清水放入蒸架，放入红薯块蒸熟拿出冷却。
2. 鸡蛋打散。
3. 将冷却的红薯块用手捏成泥，加入面粉、泡打粉和糯米粉，倒入打散的鸡蛋揉成面团。
4. 将油放入锅内，待油七成热时，用手将红薯泥捏成小丸子放进锅里，用铲子压平成圆形，煎至两面成金黄色即可。

营养盘点 >>

红薯因其味甜，也称为甘薯，同时有“地人参”之称。红薯富含膳食纤维、多种维生素、胡萝卜素、钾等无机盐，能促使排便通畅、滋补肝肾，能提高消化器官的功能。

温馨提示 >>

选红薯时一定要选表面光滑不要有疤的，烂红薯不可食用，烂红薯中的黑斑病菌会感染到整个红薯，所有烂红薯即便削掉烂掉的部分，完好的部分仍然会有毒素。

脆皮芝麻香蕉

[材料] 香蕉、黑芝麻、泡打粉、糯米粉、牛奶、鸡蛋、食用油。

[制作方法]

1. 香蕉去皮切成小段。
2. 鸡蛋在容器中打散。
3. 将泡打粉和糯米粉放入打散的鸡蛋液中，并倒入少许牛奶拌匀，再放入切好的香蕉段。
4. 将油放入锅内，待油七成热时放入裹好的香蕉炸至金黄色捞出，撒上芝麻即可。

营养盘点 >>

香蕉肉富含蛋白质、果胶、钙、磷、铁、钾、B族维生素等营养成分，它具有清热通便之功效。

温馨提示 >>

香蕉中含有大量的镁不宜空腹食用，否则会造成血液中含镁量急剧上升，破坏血液钙镁平衡。

蛋糕

[材料] 鸡蛋、低筋面粉、食用油、细砂糖。

[制作方法]

1. 鸡蛋磕到碗里，将鸡蛋清和鸡蛋黄分开来（蛋清、蛋黄分别倒入两个碗中）。
2. 蛋黄中放少量的细砂糖，蛋清中多放一点。
3. 分别搅打蛋黄和蛋清，搅打蛋清的时间要长，搅到碗中没有蛋液为止，搅打蛋黄 1 分钟就好。
4. 将面粉倒入细砂的漏勺里面筛入到蛋黄中，轻轻搅拌匀成面团。
5. 把搅拌好的蛋清放到面团里面，用手从碗的低部往上捞，这个翻动的动作重复几次，一定要转动方向，几分钟后面团和蛋清会变成糊状，这个时候就可以放进电饭锅里了。
6. 将电饭锅内涂上一层食用油，把搅拌好的蛋糕倒进电饭煲里面按下“煮饭”就可以了，如果在几分钟后电饭锅跳成“保温”，就再按成“煮饭”，当闻到一股蛋香味儿就可以开盖了，冷却后拿出切成小块即可。

营养盘点 >>

自制的蛋糕没添加任何的添加剂和人工色素，口感松软，味道清香可口。

温馨提示 >>

如果接触电饭锅底部的蛋糕微焦就切去不要。

脆酥南瓜饼

[材料] 南瓜、糯米粉、鸡蛋、食用油、蜂蜜、面包渣、面粉、白芝麻。

[制作方法]

1. 南瓜去皮，切成小块放进蒸锅里面蒸熟待用。
2. 鸡蛋打散待用。
3. 蒸熟的南瓜拿出用筷子搅拌成南瓜泥，加入蜂蜜、糯米粉、少许的面粉和面包渣一起再搅拌至成泥待用。
4. 将油放入锅内，待油温热后用小勺子舀到锅里，待一面成型后用铲子翻面，煎至两面成金黄色捞出，撒上白芝麻即可。

营养盘点 >>

南瓜富含钾、磷、钙、铁、锌、B 族维生素、维生素 C 等营养成分，它具有润肺益气、化痰、消炎止痛、止喘的功效。

巧克力饼干

[材料] 奶油、低筋面粉、细砂糖、巧克力粉、泡打粉、鸡蛋、橄榄油。

[制作方法]

1. 奶油放在室温下软化，加入细砂糖用筷子调均匀。
2. 依次加入鸡蛋和橄榄油，用筷子快速地搅拌均匀，放入面粉和泡打粉搅拌均匀后加入巧克力粉（不要搅得太稀），放冰箱冷却 20 ~ 30 分钟。
3. 将和匀的面团挤成像小丸子大小的块，再用拇指按平成圆形。
4. 电饼铛打开，把小饼放进去盖上并插上电源 10 多分钟即可。

营养盘点 >>

巧克力富含儿茶酸、多酚、糖等营养元素，它对集中注意力、加强记忆力和提高智力均有作用。